W0331979

ANGELIKA LANG

Blumen

Liebe Leserin, lieber Leser,

immer mehr Menschen entdecken ihre Liebe zur Natur, zu den kleinen und großen Wundern am Wegesrand, im Garten, auf Wiesen und Feldern, an Bächen und Flussläufen oder im Wald. Man kann bei ihrer Betrachtung den Alltag abstreifen, staunend verweilen und sich in ihrer augenfälligen Schönheit verlieren. Sie führt uns zu uns selbst zurück und erinnert uns daran, dass sie wegen ihrer Zerbrechlichkeit schützenswert ist und unserer Fürsorge und Verantwortung bedarf.

Mit dem Naturführer, den Sie in Ihren Händen halten, können Sie diesen Wundern der Natur auf Augenhöhe begegnen. Im Unterschied zu anderen Büchern haben wir bei der Vorstellung und Beschreibung der Blumen nicht nur Wert auf biologische Richtigkeit und gelingsichere Handhabung bei der Bestimmung gelegt, sondern auch einen Zugang gewählt, der Ihnen den Zauber und die Schönheit der einheimischen Arten durch eine neuartige Fotoästhetik nahebringt. Jede einzelne Doppelseite in diesem Band wurde dafür eigens gestaltet, mit dem Ziel, Ihnen das Erlebnis der Nähe zu ermöglichen. Unser Anspruch war dabei nicht die Vollständigkeit aller Arten, sondern eine stichhaltige und populäre Auswahl der Blumen, die Sie tatsächlich in der Natur antreffen werden und mit diesem Buch sicher bestimmen können. Die kleinen Geschichten, die wir dabei erzählen, werden sich nachhaltig in Ihre Erinnerung einprägen – damit sie von Ihnen weitergegeben werden.

Mit herzlichem Gruß

Georg Kessler
Der Herausgeber

Blumen

Die faszinierende Welt der Blumen

Seit Menschengedenken begeistern Blumen durch ihre zarte Schönheit, ihre facettenreichen Farben und Formen. Allein in Mitteleuropa gibt es mehr als 2500 unterschiedliche Arten wildlebender Farn- und Blütenpflanzen, die uns nicht nur erfreuen, sondern von denen viele als Heilpflanzen und Wildkräuter genutzt und gesammelt werden. Dabei bereichern sie unsere Welt nicht nur durch ihre Optik, sondern sind für menschliches und tierisches Leben unverzichtbar.

FOTOSYNTHESE DER PFLANZEN – DIE GRUNDLAGE ALLEN LEBENS

Ohne Pflanzen gäbe es kein Leben auf der Erde, Grund ist die Fotosynthese. Sie ist ein biochemischer Prozess, der in den grün gefärbten Pflanzenteilen in bestimmten pflanzlichen Zellen, den Chloroplasten, stattfindet. Diese enthalten den grünen Farbstoff Chlorophyll, der für die Fotosynthese wichtig ist.

Vereinfacht ausgedrückt wird während der Fotosynthese Wasser und Kohlendioxid mithilfe von Sonnenlicht in Kohlenhydrate (Zucker) umgewandelt. Um genügend Sonnenlicht aufnehmen zu können, wachsen Pflanzen dabei fototropisch, das heißt mit Blatt und Stängel der Sonne zugewandt, ein Phänomen, das sich oft bei Zimmerpflanzen an zu schattigen Standorten beobachten lässt. Pro Stunde produziert 1 m^2 grüne Blattfläche etwa 1 g Kohlenhydrate. Als »Abfallprodukt« entsteht dabei gleichzeitig auch Sauerstoff.

Von der Fotosynthese hängt also nicht nur das Leben der Pflanzen selbst ab, sondern auch das Leben aller Organismen, die direkt oder indirekt von Pflanzen leben. Auch alle organischen Stoffe auf der Erde stammen direkt oder indirekt durch Umwandlung aus diesem Prozess.

Mithilfe von Sonnenlicht, das über die Blattfläche aufgefangen wird, stellen die Pflanzen in ihren Blättern Nährstoffe und Sauerstoff her.

Die Kornblume ist nicht nur hübsch anzusehen, in ihrem Inneren laufen höchst anspruchsvolle chemische Prozesse ab: durch Fotosynthese wird aus Wasser und Sonnenlicht Zucker hergestellt.

Es gibt Pflanzen, die keinen grünen Farbstoff in ihren Blättern und Stängeln tragen und darum auch keine Fotosynthese betreiben können. Der Grund, warum sie trotzdem wachsen, ist, dass sie sich bei anderen Pflanzen bedienen. Sie entziehen ihnen Wasser und Nährsalze sowie organische Stoffe (Zucker). Ein Beispiel für einen solchen »Vollparasiten« ist die Nestwurz (siehe Seite 246/247). Daneben gibt es noch Halbparasiten. Sie enthalten Chloroplasten, können also Fotosynthese betreiben, zapfen aber zusätzlich andere Pflanzen für Nährsalze und Wasser an. Diese Pflanzen haben entweder unterentwickelte Wurzeln wie zum Beispiel der Augentrost (siehe Seite 116/117) oder sie wachsen oben auf Bäumen ohne Kontakt zum Boden wie etwa die Mistel.

Wissenschaftliche Namensgebung

Natürlich tragen in Deutschland alle Pflanzen bestimmte deutsche Namen. Um jede Art aber auch international eindeutig zuordnen zu können, besitzt sie auch einen wissenschaftlichen Namen, der sich aus griechischen oder lateinischen Wörtern herleitet. Dieser Name besteht immer aus zwei Teilen. Das erste Wort bezeichnet dabei die Verwandtschaftsgruppe (Gattung), der zweite Namensteil benennt die Art.

Zudem haben viele Pflanzen noch ein oder mehrere regionale Namen, die meist einen Hinweis auf ihre frühere Verwendung geben. So wird zum Beispiel die Stinkende Nieswurz (siehe Seite 240/241) auch »Läusekraut« genannt, weil sie früher gegen diese Plagegeister eingesetzt wurde. Unter dem Namen »Warzenkraut« sind sowohl das Schöllkraut (siehe Seite 180/181) als auch der Ruprechts-Storchschnabel (siehe Seite 62/63) bekannt. Mit ihnen rückte man früher Warzen zu Leibe.

DIE WUCHSFORMEN DER PFLANZEN

Betrachtet man den Wuchs mehrerer Pflanzen, lassen sich auf den ersten Blick Holzgewächse und krautige Gewächse unterscheiden.

- Zu den Holzgewächsen gehören Bäume und Sträucher. Letztere untergliedert man wiederum je nach Wuchshöhe in Sträucher, Halbsträucher und Zwergsträucher. Kennzeichnend für alle Holzgewächse ist, dass sie in den Sprossachsen, den Stämmen und Ästen, Holz bilden. Alle verholzten Teile überdauern in unseren Breiten den Winter, im Frühjahr treiben Holzgewächse aus Knospen am Holz wieder neu aus. Während Bäume einen verholzten Haupttrieb, den Stamm, haben, verkümmert dieser bei Sträuchern, sie bestehen aus vielen verholzten Seitentrieben.

- Die krautigen Pflanzen (Kräuter) enthalten in den oberirdischen Sprossen meist kein Holz, selten lassen sich am Grund noch verholzte Teile finden. Man unterteilt Kräuter in einjährige und mehrjährige Pflanzen. Einjährige sterben am Ende der Vegetationsperiode ab und überdauern den Winter als Samen. Bei mehrjährigen Kräutern, auch Stauden genannt, überdauern sogenannte Erneuerungsknospen, die sich im Folgejahr zu neuen Pflanzen entwickeln.

Bei Holzgewächsen wie Bäumen oder Sträuchern überdauern die verholzten Teile den Winter.

Wuchsrichtung

Neben der Wuchsform lassen sich in der Natur verschiedene Wuchsrichtungen unterscheiden. In welche Richtung eine Pflanze wächst, hängt dabei immer mit dem Stängel oder Spross zusammen.

Bei krautigen Gewächsen wie dem Klatschmohn sterben im Winter die oberirdischen Teile ab.

Kletterpflanzen: So bezeichnet man Gewächse, die im Boden wurzeln und zum Licht klettern. Die Zaunwinde (siehe Seite 12) ist ein Beispiel für eine windende Kletterpflanze. Sie windet sich an anderen Pflanzen oder an Stützen wie Zäunen nach oben. Diese Stützen benötigt sie, da ihr Stängel ausschließlich in die Länge, nicht in die Breite wächst. Ein anderer Typ Kletterpflanze ist die Vogelwicke (siehe Seite 142/143). Sie gehört zu den Rankenpflanzen, bei denen sich fadenförmige Stützorgane, die Ranken, um eine Stütze wickeln. Die Ranken können umgebildete Seitensprosse, Blätter oder Endfiedern von Fiederblättern sein. Weitere Beispiele für solche Rankenpflanzen sind unter anderem der Efeu als Wurzelkletterer, der mithilfe von Haftwurzeln klettert, oder Spreizklimmer, die mithilfe von Dornen beziehungsweise Stacheln (Heckenrose, Brombeere), Haaren oder Seitentrieben ein Zurückrutschen nach unten verhindern.

Aufrechter Wuchs: Von dieser Art Wuchs spricht man, wenn der Stängel gerade nach oben wächst. Dazu gehören die meisten Pflanzen, Beispiele sind etwa Margerite, Löwenzahn, Wegwarte oder Wiesen-Bärenklau.

Niederliegender Wuchs: Auf diese Weise wachsende Pflanzen liegen in ganzer Länge dem Boden auf. Man spricht von am Boden kriechend, wenn der Stängel hin und wieder Wurzeln treibt, und von am Boden liegend, wenn der Stängel unbewurzelt ist.

Aufsteigender Wuchs: Diese Pflanzen richten sich aus kriechendem oder liegendem Wuchs allmählich selbstständig auf.

Am Tag breitet der Sauerklee seine Blätter aus, in der Nacht oder bei wenig Licht faltet er sie zusammen. Dies nennt man Schlafbewegung.

Pflanzenbewegungen

Neben dem allgemeinen Wachstum einer Pflanze vollziehen manche Arten zusätzlich unterschiedliche Formen von Bewegung:

- Manche Pflanzen richten ihre Blätter während des Tages horizontal aus, um genügend Licht aufzunehmen, und falten diese nachts richtiggehend in sich zusammen. Sie führen dabei sogenannte Schlafbewegungen durch, die als »Nastien«, genauer als »Nyktinastien« (von nyktos = Nacht) bezeichnet werden. Solche durch den täglichen Licht-Dunkel-Wechsel synchronisierten Blattbewegungen findet man zum Beispiel beim Sauerklee. Die Blätter heben und senken sich, weil sich der Druck des Zellsaftes auf die Zellwand in bestimmten Zellen der Blattgelenke verändert.

- Ein weiteres Beispiel für eine Nastie (Haptonastie) sind die Rankenbewegungen von Vogel- oder Zaunwicke (siehe Seite 142/143 und 144/145). Ihre Ranken, die fadenförmig ausgebildeten vordersten Fiederblättchen, reagieren auf Berührung, indem sie sich um eine fremde Stütze wickeln und dadurch die Pflanze stabilisieren.

- Auch eine Änderung der Luftfeuchtigkeit führt bei manchen Arten zu Bewegung (Hygronastie). Viele Pflanzen senken ihre Blüten nach unten ab, wenn sich die Luftfeuchtigkeit etwa durch Regen erhöht. Manche schließen dann sogar die Köpfchen, um zu verhindern, dass Wasser in die Blüten gelangt.

- Als spezielle Form der Wachstumsbewegungen bezeichnet die Botanik die Windebewegungen mancher Kletterpflanzen wie etwa der Acker- oder der Zaunwinde (siehe Seite 64/65 und 102/103). Die Sprossspitze führt, auf der Suche nach geeigneten Stützen, kreisende Bewegungen durch. Speziell ausgebildete Wachstumszonen der Pflanze wandern dann regelmäßig um den Spross und zwar je nach Art im Uhrzeigersinn oder entgegen. Auf diese Weise windet sich die Pflanze weiter und weiter um ihre Stütze.

Der Bau einer Blume

Blumen blühen nicht nur in unterschiedlichen Farben, sie unterscheiden sich auch sonst auf den ersten Blick optisch oft sehr deutlich. Dennoch gibt es Bestandteile im Aufbau der Pflanzen, die allen Arten gemeinsam sind. Jede Blume besteht aus den drei Grundorganen Wurzel, Stängel (oder Spross) und Blätter. Ist der Spross unverzweigt, endet er in einer von Blättern umhüllten Blüte, bei verzweigten Sprossen endet jeder Seitenast in Blüten. Alle Teile einer Blume haben bestimmte Fachbegriffe. Wie diese lauten, zeigen die hinteren Klappen. Einige dieser Begriffe werden unter dem Stichwort »Merkmale« nochmals in den Pflanzenbeschreibungen ab Seite 42 erläutert.

Die Wurzel

Wurzeln braucht eine Pflanze für mehrere Dinge: um sich mit ihnen im Boden zu verankern und mithilfe der unterirdischen Ausläufer auszubreiten. Zudem sind die Wurzeln Nährsalzlieferant und Speicherorgan. Mit ihnen entzieht die Pflanze dem Boden Nährsalze und sie konserviert dort die hergestellten Nährstoffe für späteren Bedarf.

Die Zaunwinde, eine Kletterpflanze, windet sich in Linksdrehungen um ihre Stützen.

Der Stängel

Der Stängel ist der blättertragende Teil der Pflanze. In ihm finden der Transport von Wasser und Nährsalzen von den Wurzeln nach oben und der Rücktransport der durch Fotosynthese gebildeten Nährstoffe nach unten in die Wurzeln statt. Der Stängel wird durch sogenannte Knoten in einzelne Abschnitte unterteilt. Den Knoten entspringen bei vielen Arten die Blätter oder weitere Seitenzweige. Da dies nach festen Regeln geschieht, unterscheiden die Botaniker verschiedene Verzweigungssysteme und Formen. Die vier häufigsten zeigt die Illustration unten.

Die Beschaffenheit des Stängels kann je nach Art ganz unterschiedlich ausfallen. Man unterscheidet unter anderem zwischen krautig oder holzig, kahl oder behaart, Dornen oder Stacheln tragend. Bei den behaarten Stängeln findet man flaumige, borstige oder steife Haarvarianten, sie können Drüsen tragen, rund um den Stängel oder in Reihen angeordnet sein. Der Stängel kann im Querschnitt rund oder kantig, gerillt oder gefurcht, hohl oder mit Mark gefüllt sein.

Alle diese Details können bei der Pflanzenbestimmung wichtige Hinweise sein. So hat zum Beispiel das Sumpf-Vergissmeinnicht als einziges Mitglied der Gattung *Myosotis* einen sogenannten »zweizeilig behaarten« Stängel, das heißt, die Haare sind nicht wie bei den anderen Vertretern dieser Gattung gleichmäßig verteilt, sondern stehen in zwei Reihen.

Die Illustration zeigt die Stängelformen, die die unterschiedlichen Blumen besitzen. Bei der Artenbestimmung sind die Details hier oft sehr wichtig.

Form der Stängel

Maiglöckchen haben ganzrandige Blätter mit glattem Rand, die Blüten stehen alle nach einer Seite ausgerichtet.

Die Blätter

Sie enthalten den grünen Farbstoff Chlorophyll, mit dessen Hilfe Pflanzen Fotosynthese betreiben. Um optimale Sonneneinstrahlung zu gewährleisten, sind die Blätter an einer Pflanze immer so angeordnet, dass sie sich nicht gegenseitig beschatten. Bei Pflanzen, die alle Blätter in die gleiche Richtung angeordnet tragen, werden diese nach oben hin kleiner. Es gibt aber noch weitere Anordnungsvarianten am Stängel: Blätter können sich kreuzweise gegenüberstehen wie bei der Taubnessel (siehe Seite 118/119), können spiralig um den Stängel angeordnet sein oder Quirle bilden, dabei steht der obere Quirl immer »auf Lücke« zum unteren. Ein Beispiel dafür sind Labkräuter (siehe Seite 210/211).

Die Blätter am Grund des Stängels (Grundblätter) sind meist in einer Rosette angeordnet. Sie haben oft eine andere Form als die Stängelblätter. So sind sie beispielsweise selten gefiedert.

Blattformen: Das Blatt einer Blume besteht immer aus dem Blattstiel und der Blattspreite. Je nach Form der Blattspreite (siehe Abbildungen Seite 15) unterscheidet man **ganzrandige** und **gefiederte** Blätter. Die gefiederten können **paarig** oder **unpaarig gefiedert** sein, das Endblättchen kann als Blatt oder Ranke (siehe Seite 9) ausgestaltet sein. Oft gibt es **mehrfach gefiederte** Blätter, bei denen die Teilblättchen nochmals gefiedert sind, wie bei der Schafgarbe (siehe Seite 124/125). Die Leitungsbahnen in den Blättern erkennt man als Äderung auf der Spreite. Sie kann familientypisch sein. So haben zum Beispiel alle Lilien eine parallele Äderung. Der Rand der Blattspreite kann **gezähnt**, **gesägt**, **gelappt** oder **gekerbt** sein. Auch die Länge der Blattstiele variiert von Art zu Art. Ein Blatt, das ohne erkennbaren Stiel in den Stängel übergeht, wird als sitzend bezeichnet. Es kann aber auch mit seinem unteren Ende den Stängel mehr oder weniger umfassen und eine Scheide bilden.

Die wichtigsten Blattstellungen zeigen die hinteren Umschlagklappen.

Sonderformen der Blätter

- *Tragblätter nennt man Blätter, in deren Achseln Seitensprosse wachsen. Im Text werden diese Seitensprosse als »blattachselständig« bezeichnet.*

- *Hoch- oder Hüllblätter finden sich im Bereich der Blüte. Sie sind meist sehr einfach aufgebaut. Zunächst umhüllen sie die Knospe, später können sie auch weiter entfernt von der Blüte stehen. Ist die Blüte selbst nicht auffällig, haben Hochblätter oft die Aufgabe, Bestäuber anzulocken. Sie sind dann in der Regel intensiv gefärbt und bilden eine Art Scheinblüte. Ein Beispiel ist das Wechselblättrige Milzkraut (siehe Seite 198/199).*

- *Nebenblätter stehen oft beidseits des Blattgrunds eines Laubblatts. Als Beispiel sei die Blutwurz (siehe Seite 200/201) erwähnt. Ihre Stängelblätter sind 3-fach gefingert, erscheinen aber durch die großen Nebenblätter wie 5-fach gefingert.*

In den Blumenporträts ab Seite 42 werden alle weiteren Sonderformen, die an dieser Stelle nicht angeführt sind, separat erklärt.

Blüten

Die Blüten der Blumen sind im Grunde nichts anderes als zum Zweck der Fortpflanzung umgestaltete Blätter. Sie sind dann der auffälligste, meist leuchtend gefärbte oder duftende Teil einer Blume, wenn sie (in unseren Breiten) Insekten zum Bestäuben anlocken müssen. Vom Wind bestäubte Blüten sind im Gegensatz dazu in der Regel unauffällig. Vor der Blüte, im Knospenstadium, werden alle Blüten von den Hochblättern (siehe oben) umhüllt.

Die Blütenhülle kann aus gleichartigen Blütenblättern bestehen, etwa bei der Tulpe, oder aus Kelch- und Kronblättern zusammengesetzt sein. Auch die Kelchblätter übernehmen dann eine Hüllfunktion. Sie sind meist grün gefärbt und unscheinbar ausgebildet.
Die Kronblätter dagegen verleihen der Blüte durch Form und Farbe ihre typische Gestalt. Die einzelnen Kronblätter können radiär, also im Kreis, angeordnet sein wie zum Beispiel beim Leberblümchen (siehe Seite 138/139), durch Verwachsungen eine Röhre oder Lippe

formen oder eine andere Gestalt haben (siehe hintere Umschlagklappe). Bei manchen Blüten ist das untere Blütenblatt zu einem röhrenförmigen Sporn ausgezogen, in dem sich der Nektar sammelt. Er wird in speziellen Drüsenzellen, den Nektarien, gebildet.

Weiter gibt es auch Blüten mit reduzierten oder völlig ohne Kronblätter. Dann übernehmen die bereits erwähnten Hochblätter (siehe links) oder speziell gefärbte Kelchblätter (z. B. bei der Bach-Nelkenwurz, siehe Seite 54/55) die Lockfunktion.

Im Inneren der Blüten stehen die Staub- und Fruchtblätter. Die Staubblätter sind der männliche Teil einer Blüte. Sie bestehen aus dem **Staubfaden** und den **Staubbeuteln**. Die Fruchtblätter, die weiblichen Blütenteile, setzen sich aus **Fruchtknoten**, **Griffel** und **Narbe** zusammen. In den meisten Blüten unserer Blumen finden sich sowohl männliche als auch weibliche Fortpflanzungsorgane. Solche Blüten und damit auch die Pflanzen nennt man **zwittrig**. Es gibt aber auch Blüten nur mit männlichen bzw. nur mit weiblichen Fortpflanzungsorganen, sogenannte **getrennt geschlechtliche** Blüten. Befinden sich nun männliche und weibliche Blüten auf ein und derselben Pflanze, spricht man von **einhäusigen** Pflanzen. **Zweihäusig** sind sie, wenn sie nur einen Blütentyp aufweisen, also nur männliche oder nur weibliche Blüten.

Blütenstand: Der Blütenstand befindet sich in der Regel am Ende des Stängels. Bei vielen Blumen, wie beim Buschwindröschen oder Leberblümchen, bildet eine Einzelblüte den Abschluss. Bei anderen

Blattstellungen

grundständig

gegenständig *wechselständig*

Blattformen

rundlich bis oval

länglich bis spitz

gefiedert

Blattränder

glatt *gezackt* *gekerbt*

eingebuchtet

Arten sind mehrere Blüten und Blütenstängel zu einem Blütenstand zusammengefasst. Je nach Art der Verzweigung, der Länge der Blütenstiele und der Ebenen, in denen die Blüten stehen, unterscheiden Botaniker unter anderem **Ähren, Trauben, Dolden, Doppeldolden** oder **Rispen**. Einige Beispiele zeigen die hinteren Umschlagklappen.

Eine besondere Form des Blütenstands bilden die Köpfchen von Löwenzahn, Margerite & Co. Was bei diesen Arten auf den ersten Blick wie eine Einzelblüte aussieht, ist in Wirklichkeit ein aus vielen kleinen Blüten zusammengesetzter Blütenstand. Da die Einzelblüten wie in einem Körbchen sitzend aussehen, heißt diese Pflanzenfamilie auch Korbblütengewächse. Die Einzelblüten sind so klein, dass sie allein kaum auffallen würden. Doch im Verbund mit den anderen entsteht ein Schauapparat. Es gibt drei Gruppen:

- Die Köpfchen bestehen nur aus Zungenblüten wie beim Löwenzahn (siehe Seite 218/219) oder Habichtskraut (siehe Seite 220/221).
- Die Köpfchen weisen nur Röhrenblüten auf wie die Kornblume (siehe Seite 168/169) oder der Wasserdost (siehe Seite 76/77).
- Die Zungenblüten stehen in einem Kreis um die meist gelb gefärbten Röhrenblüten. Dazu gehören beispielsweise Margerite (siehe Seite 122/123) und Gänseblümchen (siehe Seite 120/121).

Die Margerite zählt zu den Korbblütengewächsen. Im Inneren der weißen Zungenblüten stehen die gelben Röhrenblüten.

Wechsel der Blütenfarbe

Bei manchen Blütenständen fällt auf, dass die Knospen eine andere Farbe haben als die bereits geöffneten Blüten. So sind etwa bei den Vergissmeinnicht-Arten die Knospen rosa und die Blüten blau. Dies hängt mit dem Säuregrad des Zellsafts zusammen. Die Knospen beinhalten bestimmte Säuren, sie sind deshalb rosa gefärbt. Während der Entwicklung der Knospe wird der Zellsaft neutral oder basisch, das heißt, die Säure wird neutralisiert, dadurch erhält die Blüte eine blaue Farbe.

Blütezeiten: Alle Blumen haben ihnen eigene individuelle Blühzeiten, entweder im Frühjahr, Sommer oder im Herbst. Wenige Arten blühen das ganze Jahr über, manche, wenn die Winter schneearm sind, sogar im Dezember. Zu diesen gehören beispielsweise das Gänseblümchen oder das Kleine Immergrün (siehe Seite 152/153). Manche Arten öffnen ihre Blüten nur für wenige Stunden, andere Arten gleich für mehrere Tage. Es gibt am Tag und bei Nacht blühende Arten. Letztere müssen ihre Bestäuber dann mit Duft locken. Tatsächlich riechen nachts blühende Arten darum besonders intensiv, wie etwa die Nachtkerzenarten (Gattung *Oenothera*).

VERBREITUNG UND VERMEHRUNG VON PFLANZEN

In den Blüten selbst befinden sich die Fortpflanzungsorgane der Pflanzen. Die Staubblätter sind die männlichen, der Stempel mit Narbe, Griffel und Fruchtknoten die weiblichen Blütenbestandteile. Bevor sich aus dem Fruchtknoten Früchte mit Samen entwickeln können, müssen die Blüten jedoch erst bestäubt werden. Die Bestäubung kann über Tiere, bei uns hauptsächlich Insekten, oder den Wind geschehen. Der Pollen aus den Staubbeuteln gelangt auf die meist klebrige Narbe und wächst durch den Griffel zum Fruchtknoten, aus dem sich dann die Samenanlage mit Keimling entwickelt und schließlich eine neue Pflanze entsteht.

Insektenbestäubung: Dabei locken Blumen Insekten an, diese bekommen den Pollen aufgesetzt, transportieren ihn zur nächsten Blüte und laden ihn dort auf der Narbe ab. Der Anreiz für die Insekten, die Blumen aufzusuchen, ist in der Regel Nahrung, welche die

Blüten in Form von Nektar (Zucker) oder Pollen (Eiweiß) zur Verfügung stellen. Um den Insekten den Weg zu Nektar und Pollen zu weisen, bedienen sich Pflanzen unterschiedlicher Methoden:

- Viele Blumen präsentieren Pollen und/oder Nektar in ihren Blüten leicht zugänglich. Möglichst viele Insekten, ob groß oder klein, lang- oder kurzrüsselig, sollen als Transportmittel fungieren. Beispiele dafür sind die Doldenblüten des Wiesen-Bärenklaus oder die Korbblüten der Margerite. Manche Blüten bilden tatsächlich wegweiserähnliche Musterungen wie dunkle Strichel oder auffällig gefärbte Flecken (sog. Saftmale), um die Insekten an die richtige Stelle zu locken. Dazu zählt zum Beispiel das Vergissmeinnicht.

- Etwas spezialisierter sind Lippenblütler, wie z. B. das Gemeine Leinkraut (siehe Seite 214/215). Seine Blüte besteht aus einer bauchig aufgewölbten Unterlippe und einer Oberlippe. Ein auffällig orangefarbener Fleck auf der Unterlippe weist den Insekten den Landeplatz. Erfolgreiche Bestäuber sind allerdings nur schwere Insekten wie zum Beispiel Hummeln, die mit ihrem Gewicht die Unterlippe nach unten drücken können, um an den Nektar im Sporn zu gelangen.

- Bestimmte Orchideenarten bilden mit ihrer Blüte weibliche Insekten nach, um deren Männchen anzulocken. Oft verströmen die Blüten zusätzlich den arttypischen Geruch (Pheromone). Die

Nur schwere Insekten wie Hummeln können die Unterlippe der Lippenblüten des Leinkrauts nach unten drücken, um zum Nektar zu gelangen.

Männchen versuchen sich mit dem vermeintlichen Weibchen zu paaren. Dabei bekommen sie den Pollen aufgedrückt, den sie dann zum nächsten »Weibchen«, einer weiteren Orchidee, tragen und bei ihren erneuten Begattungsversuchen auf der Narbe abladen. Bei dieser Art der Verbreitung produzieren die Pflanzen in der Regel weder Pollen noch Nektar, die Insekten werden in der Tat ausgenutzt. Die Fliegen-Ragwurz (siehe Seite 248/249) ist eine Orchideenart, die sich dieser Bestäubungstechnik bedient. Um den gewünschten Lockeffekt zu verstärken, blüht sie zu einer Zeit, in der noch kaum Weibchen der bestäubenden Hautflügler-Art fliegen.

Insekten können die Kesselfalle des Frauenschuhs nur auf einem vorgegebenen Weg verlassen und bestäuben dabei die Blüte.

- Eine besondere Kategorie sind Insektenfallenblumen, wie zum Beispiel der Frauenschuh (siehe Seite 236/237). Mit weithin gelb leuchtender Lippe lockt er Insekten, meist Bienen, an. Diese krabbeln auf der Suche nach Nektar oder Pollen auf der schuhartig aufgeblasenen Lippe. Am durch Öl sehr rutschigen Kesselrand können sie sich nicht halten und fallen in den »Schuh«. Die Innenwand ist bis auf wenige behaarte Leisten sehr glatt. Will die Biene die Kesselfalle wieder verlassen, muss sie sich entlang dieser Leisten fortbewegen. Dabei gelangt sie auch an den Staubbeuteln und an der Narbe vorbei. Dort bekommt sie Pollen aufgebürdet und streift automatisch den mitgebrachten Pollen an der Narbe ab, die Bestäubung war erfolgreich.

Windbestäubung

Diese Art der Bestäubung kommt vor allem bei Gräsern, Bäumen und Sträuchern, nur sehr selten bei Blumen vor. Dabei überträgt der Wind den Pollen auf die Narbe. Kennzeichen windblütiger Pflanzen sind Unmengen an Pollen, meist kleine unscheinbare Blüten sowie individuenreiche Bestände.

Die eiförmigen, flachen Früchte des Wiesen-Bärenklaus sind Schließfrüchte. Sie werden vom Wind oder von Tieren verbreitet.

Früchte und Samen

Mit »Frucht« bezeichnet man alle Teile einer Pflanze, die die einzelnen Samen bis zur Reife umschließen und die für deren Verbreitung sorgen. Die Frucht entwickelt sich aus der Blüte. Jede Frucht enthält eine sogenannte Fruchtwand, an der ein oder mehrere Samen ansetzen. Zudem gibt es je nach Art Sonderbildungen: Schnabel nennt man den verschmälerten oberen Teil mancher Früchte, der keine Samen enthält, etwa beim Ruprechts-Storchschnabel (siehe Seite 62/63). Als Pappus bezeichnet man »Anhänge« an manchen Früchten, die zum Fliegen oder Klammern dienen. Er kann als Haarkranz (Löwenzahn), Hautsaum (Rainfarn), Schuppe (Wegwarte) oder Granne (Skabiose) ausgebildet sein.

Fruchtformen: Aus jedem Fruchtknoten einer Pflanze entwickelt sich eine Frucht. Dabei können auch noch andere Teile der Blüte oder sogar die Hüllblätter beteiligt sein. Besitzt die Blüte nur einen Fruchtknoten, heißt die entstehende Frucht »Einzelfrucht«, bei einer Blüte mit mehreren Fruchtknoten bildet die Gesamtheit der entstehenden Teilfrüchte eine »Sammelfrucht«. Unter Fruchtstand versteht man eine Fruchtform, an deren Entstehung mehrere Blüten oder Blütenstände beteiligt sind und die eine Einheit bilden.

In Anpassung an die Samenverbreitung und unabhängig von der Entstehung haben die Früchte unterschiedliche Formen. So gibt es

Hülsen oder Schoten, Nüsse, Beeren, Balgfrüchte oder Kapseln. Sie werden je nach Verhalten bei der Samenreife eingeteilt in Spring- oder Streufrüchte, bei denen sich die Fruchtwand bei Reife öffnet und die Samen entlässt (Balgfrüchte, Hülsen, Schoten oder Kapseln), oder in Schließfrüchte, bei denen die Früchte mit Samen als Ganzes abfallen (Nuss).

- Die Balgfrucht hat nur eine Verwachsungsnaht, an der sie im reifen Zustand aufplatzt. Die Sumpf-Dotterblume (siehe Seite 176/177) gehört zu den Pflanzen mit Balgfrüchten.

- Die Hülse öffnet sich sowohl an der Verwachsungsnaht als auch an einer Mittelrippe, der Rückennaht. Die Früchte von Vogel- oder Zaunwicke (siehe Seite 142–145) gehören hierzu.

- Die Schote ist durch eine Scheidewand gekammert. Bei Samenreife öffnet sie sich an den Verwachsungsnähten. Das Schöllkraut (siehe Seite 180/181) bildet Schoten.

- Die Kapsel ist vielfach gekammert und öffnet sich entweder durch Längsspalten, Poren oder durch Ablösen des Deckels. Bekanntes Beispiel ist die Kapsel des Klatschmohns (siehe Seite 42/43).

Verbreitung der Samen

Pflanzen haben mehrere Möglichkeiten entwickelt, trotz ihrer eigenen »Unbeweglichkeit« ihre Samen in größerer Entfernung von sich keimen zu lassen. Sie bedienen sich dazu der Hilfe von Wind, Wasser, Tieren und des Menschen. Andere haben Mechanismen entwickelt, um die Samen »aus eigener Kraft« wegzuschleudern.

Windverbreitung: Dafür besitzen die Samen oder die Früchte besonders gestaltete Flugvorrichtungen, meist in Form von Flughaaren. Gemeinsames Kennzeichen aller Flugvorrichtungen ist die vergrößerte Oberfläche, wodurch

Die Samen der bekannten Pusteblume werden vom Wind verbreitet. An Schirmchen segeln sie durch die Luft.

die Samen im Wind schweben können. Die Flugvorrichtungen können schopfförmig sein, wie Schirmchen gestaltet sein (beispielsweise beim Löwenzahn, siehe Foto Seite 21) oder flächige Auswüchse besitzen. Andere Samen sind so fein und leicht, dass sie auch ohne Flugvorrichtung vom Wind verbreitet werden. Dazu gehören die Orchideen. Als Windstreuer bezeichnet man Pflanzen, aus deren Kapseln der Wind die Samen herausschüttelt, etwa den Klatschmohn (siehe Seite 42/43).

Verbreitung durch Tiere: Dazu haben die Pflanzen unterschiedliche Methoden entwickelt. Manche bilden an den Samen Anhängsel aus, die gern von Insekten gefressen werden. Oder sie »ummanteln« ihre Samen mit essbaren, fleischigen, oft auffällig gefärbten Schalen, die zum Verzehr einladen. Die Samen passieren wegen ihrer harten Schale unversehrt den Darm von Vögeln oder Säugetieren und werden weit entfernt von der Mutterpflanze mit dem Kot der Tiere ausgeschieden. Eine andere Methode erfolgt eher indirekt. Die Samen hängen sich mithilfe von klebrigen Stoffen oder Widerhaken außen an Tieren fest und werden vertragen. Widerhaken hat beispielsweise die Filzige Klette (siehe Seite 70/71), auch die Herbstzeitlose heftet ihre klebrigen Samen Tieren an.

Ebenso trägt der Mensch indirekt zur Verbreitung der Pflanzen bei, indem er zum Beispiel die Samen von Ackerkräutern mit Saatgut weltweit heimisch gemacht hat.

Bei Reife verhaken sich die Fruchtstände der Filzigen Klette im Fell von Tieren und werden so verbreitet.

Die Samen der Sumpf-Dotterblume können schwimmen und werden vom Wasser zu entfernten Stellen getragen, an denen sie keimen können.

Verbreitung durch Wasser: Die Samen mancher Wasserpflanzen oder von am Wasser stehenden Pflanzen sind schwimmfähig, da sie luftgefüllte Hohlräume aufweisen. Sie werden vom fließenden Wasser verbreitet. So zum Beispiel die Samen der Seerose. Bei anderen werden die Samen vom Regen aus den Früchten geschwemmt und mit fortgetragen, bei wieder anderen werden sie durch die Wucht der auftreffenden Regentropfen aus der Frucht herauskatapultiert. Solche Samen sitzen oft an elastischen Stielen.

Verbreitung aus eigener Kraft: Manche Pflanzen können ihre Samen durch spezielle Einrichtungen in der Frucht selbstständig von sich schleudern. So haben zum Beispiel die Springkraut-Arten sogenannte Explosionsfrüchte. Dabei stehen Teile in der Fruchtkapsel unter einer inneren Spannung. Bei einem gewissen Reifegrad reißt die Kapsel an Sollbruchstellen und die Samen werden mehrere Meter weit weggeschleudert. Auch Trocknungsvorgänge können dazu führen, dass die Fruchthülle reißt und die Samen »abgeschossen« werden.

Das Drüsige Springkraut wurde als Zierpflanze aus Indien eingeführt und hat sich inzwischen in Mitteleuropa als Neophyt etabliert.

Neophyten

Darunter versteht man Pflanzen, die ursprünglich an einem bestimmten Standort nicht heimisch waren, sondern direkt oder indirekt durch den Menschen eingebürgert wurden. Sehr viele Neophyten wurden absichtlich mit der Rodung der Wälder und dem Anbau von Feldfrüchten angesiedelt, denn eine große Anzahl der heute bekannten Kulturpflanzen waren ursprünglich nicht heimisch. Das gilt auch für die »Ackerunkräuter«. Später wurden fremde Pflanzen auch als Zierpflanzen in Gärten, Parks und Wäldern angepflanzt, sind verwildert und haben sich von dort entlang von Flüssen, Straßen oder Bahntrassen ausgebreitet. Auch verbreiten sie sich durch Samen im Gepäck von Touristen, mit Flugzeugen und Schiffen.

Neophyten, auch Invasoren genannt, können dann zu einer Bedrohung für die einheimische Flora werden, wenn sie hier keine natürlichen Feinde haben oder nicht durch andere Faktoren reguliert werden. Ist ihr Entwicklungszyklus beispielsweise schneller als der von heimischen Arten am gleichen Standort, können sie diese unterdrücken oder verdrängen. Meist zeichnen sich Neophyten durch eine hohe Samenproduktion aus.

Zu den Neophyten, die von manchen Wissenschaftlern als problematisch angesehen werden, zählen von den im Buch behandelten Arten die Kanadische Goldrute (siehe Seite 232/233) und das Drüsige Springkraut (siehe Seite 58/59).

BLUMEN IN FELD, WALD UND WIESE

So unterschiedlich die unzähligen Pflanzenarten in unseren Breitengraden gestaltet sind, so unterschiedlich sind auch ihre Bedürfnisse den Lebensraum betreffend. Manche Arten sind Spezialisten, man findet sie nur in Gebieten mit ganz bestimmten Voraussetzungen, andere wiederum stellen keine besonderen Ansprüche an ihren Lebensraum und sind nahezu überall zu sehen.

Lebensraum Wald

Im Wald ist das Sonnenlicht der bestimmende Faktor für Blumenwachstum. Die Kronenschicht der Bäume wirkt für alle darunter wachsenden Pflanzen wie ein Lichtfilter. Je dichter die Kronen zusammenstehen, desto weniger Licht gelangt bis zum Boden. Im Idealfall stehen die Bäume so weit auseinander, dass der Wald in Stockwerke gegliedert ist. Das heißt, es gibt neben der Kronen- und Stammschicht auch eine artenreiche Strauch- und Krautschicht. Je nach Zusammensetzung unterscheidet man Laub-, Nadel- oder Mischwald.

Laubwald: Wenn im Frühjahr vor dem Laubaustrieb das Blätterdach noch nicht geschlossen ist, dringt relativ viel Licht bis zum Boden durch. Dies nutzen die Frühblüher. Beispiele neben den im Buch beschriebenen Buschwindröschen (siehe Seite 94/95) und Leberblümchen (siehe Seite 138/139) sind Märzenbecher oder Hohler Lerchensporn. Sie wachsen dann oft als dichter Teppich am Waldboden. Um so zeitig austreiben zu können, müssen sie Reservestoffe spei-

Eine typische Waldpflanze ist das Wald-Veilchen. Es verträgt auch schattige Standorte.

chern, denn Fotosynthese wäre im Frühjahr noch nicht im vollen Umfang möglich. Dann dringt zwar das Licht bis zum Boden durch, aber die Tageslichtdauer und die Strahlungsintensität der Sonne reichen nicht aus, um allein durch Fotosynthese alle Stoffe für Wachstum und Blühen bereitzustellen. Frühblüher sind darum immer mehrjährig (siehe Seite 8) und besitzen unterirdische Speicherorgane, in denen die Reservestoffe für die frühe Entwicklung gespeichert werden: entweder Zwiebeln wie beim Gelbstern, Wurzelknollen wie beim Scharbockskraut oder Rhizome (= ober- oder unterirdisch wachsende Sprossabschnitte, keine Wurzeln) wie beim Buschwindröschen. Nach ihrer Blüte im Frühjahr häufen die Pflanzen Speicherstoffe für das nächste Jahr an. Später sterben sie unter anderem wegen des Lichtmangels mit zunehmender Belaubung der Kronen ab.

Im Sommer ist das Kronendach geschlossen, dann herrscht Lichtmangel am Boden, in der sog. Krautschicht des Waldes. In Anpassung daran haben manche Pflanzen Schattenblätter entwickelt, das sind zarte, durchscheinende Blätter, die mehr Licht aufnehmen können. Beispiele dafür sind Farne. Der Sauerklee richtet seine Blätter nach dem wenigen Licht aus, um möglichst viel davon aufzufangen. Er senkt die Blättchen, wenn plötzlich zu viel Licht einfällt (siehe auch Seite 10). Als weiterer Mangelkünstler kommt auch das Schattenblümchen (siehe Seite 126/127) mit wenig Licht aus.

Die Krautschicht steht noch in voller Blüte. Schon bald schließt sich das Kronendach des Waldes, dann wird es für viele Frühblüher zu dunkel.

Gar kein Licht brauchen dagegen sog. Schmarotzer wie die Nestwurz (siehe Seite 7).

Nadelwald: Wenn die Bäume im Nadelwald eng stehen, gelangt fast gar kein Licht bis zur Krautschicht am Boden. Dennoch gibt es Blütenpflanzen, die selbst auf extrem schattigen Böden gedeihen, so zum Beispiel das Wald-Veilchen (siehe Seite 25 und 160/161).

Großflächiges Pflanzenwachstum ist im Wald nur auf Lichtinseln, den Lichtungen und Kahlschlägen (künstliche Lichtungen), oder an Weg- und Waldrändern möglich. Im Idealfall sind die Grenzbereiche zum Freiland ebenfalls in Stockwerke gegliedert. Dann bestehen sie aus einer Strauchschicht, vor der sich ein Saum von meist großblättrigen, hochwüchsigen, ausdauernden Hochstauden ausbreitet. Beispiele dafür sind Kanadische Goldrute (siehe Seite 232/233), Wasserdost (siehe Seite 76/77) oder Drüsiges Springkraut (siehe Seite 58/59). Davor wachsen niedrigere Pflanzen, wie zum Beispiel Fingerkräuter. Auf Lichtungen und Waldwiesen findet man Weidenröschen, Greiskräuter, Scharfen Hahnenfuß (siehe Seite 178/179) und verschiedene Storchschnabel-Arten.

Auwald: Er ist die artenreichste Waldformation in Mitteleuropa, aber kein einheitlicher Wald, sondern ein feuchter Lebensraum, in dem sich viele verschiedene Biotoptypen begegnen. Auwälder sind unterholzreiche, dichte Laubwälder mit einer ausgeprägten Strauch- und

Krautschicht, weil die Bäume nie sehr dicht stehen. Sie werden durchschnitten von Altwasserarmen oder träge fließenden Bächen. Dazwischen verstecken sich kleine Weiher mit verschilftem Uferbereich und einer von den Blättern der See- oder Teichrose bedeckten Wasserfläche. An seinen Ausläufern geht der Auwald nicht selten in Feuchtwiesen (siehe Seite 31) über. Steht er entlang eines unverbauten Flusses, wird der Auwald durch die periodisch auftretenden Hochwässer immer wieder überflutet und bekommt dadurch neue Nährstoffe. In der Krautschicht findet man als Frühblüher bestandsbildend zum Beispiel Schlüsselblumen (siehe Seite 186–189), Wechselblättriges Milzkraut (siehe Seite 198/199) und Gelbstern. An besonders feuchten Stellen gedeihen Sumpf-Dotterblume (siehe Seite 176/177) oder Pestwurz (siehe Seite 74/75).

Wiesen und Weiden

Alle Kulturlandschaften in unseren Breiten werden in der Regel intensiv genutzt, das heißt häufig gemäht oder regelmäßig beweidet. Es gibt nur wenige Blumenarten, die sich diesen Umständen anpassen und gedeihen können. Wiesen und Weiden erscheinen daher relativ artenarm, die vorkommenden Pflanzen sind dafür umso häufiger zu finden. So überziehen sich Wiesen im Frühjahr zum Beispiel mit dem gelben Flor des Löwenzahns. Er wird abgelöst vom ebenfalls gelb blühenden Scharfen Hahnenfuß. Und im Sommer leuchten weiße

Auf gedüngten Wiesen wachsen nur noch wenige Arten. Neben dem Löwenzahn dominieren im Sommer Doldenblütler.

Die Pestwurz bildet entlang von Bächen oder an feuchten Stellen in Auwäldern oft dichte Bestände.

Doldenblütler wie der Wiesen-Bärenklau oder Wiesen-Kerbel. Auf ganzjährig beweideten Wiesen können sich nur trittfeste Arten wie der Weiß-Klee halten.

Richtig bunte Blumenwiesen mit Glockenblumen, Margeriten, verschiedenen Arten von Lichtnelken, Storchschnäbeln und Klee gibt es leider immer seltener. Sie können sich nur ausbilden oder halten, wenn das Grünland zwar gemäht wird, dies jedoch nur ein- oder zweimal pro Jahr.

Gewässer und Feuchtgebiete

Fast drei Viertel der Erdoberfläche sind von Wasser bedeckt. Nur ein Fünfzigstel davon entfallen auf Süßgewässer wie Seen, Weiher, Flüsse oder Bäche. Betrachtet man nur Deutschland, so sind gerade einmal knapp zwei Prozent der Fläche von Süßwasser bedeckt. Unterscheiden lassen sich dabei Fließ- und Stillgewässer. Erstere sind meist arm an Pflanzen, weil sie sich in der Strömung kaum dauerhaft ansiedeln können. Allenfalls in träge fließenden Bächen und Flüssen des Flachlands wird man hin und wieder Wasser- und Schwimmblattpflanzen finden.

Seen und Weiher: Anders sieht es in Stillgewässern aus. Dazu gehören die flachen Weiher und Teiche, aber auch tiefere Seen. In Weihern sowie künstlich angelegten Teichen ist die Wassertiefe meist so gering, dass das Sonnenlicht überall bis zum Grund dringen kann und so für reichlich Pflanzenwachstum sorgt. Vor allem Wasser- und

Schwimmblattpflanzen sind darin zu finden. Letztere wurzeln im Boden, ihre Blätter liegen auf der Wasseroberfläche. Zu ihnen gehören zum Beispiel Teichrose (siehe Seite 174/175) und Seerose (siehe Seite 92/93). Allerdings tragen sie mit ihren Wurzeln dazu bei, dass die Weiher mit der Zeit verlanden. Ins Wasser gelangte Sedimente und abgestorbene Pflanzenteile sinken im Bereich der Wurzeln ab und erhöhen nach und nach den Boden.

Die Uferzone der Seen ähnelt ökologisch gesehen den Gegebenheiten von Weihern. Auch hier gibt es aufgrund des Lichteinfalls bis zum Boden eine reichhaltige Wasserpflanzenwelt.

Feuchtgebiete: Sie sind eine Folge der letzten Eiszeit und allgemein Gebiete, in denen Wasser ganzjährig oder periodisch zur Verfügung steht. Sie entstehen im Zuge von Verlandungsprozessen aus Seen und Weihern. Im Gegensatz zu Gewässern steht das Wasser aber maximal ein paar Zentimeter über der Bodenoberfläche. Welche Art von Feuchtgebiet sich entwickelt, hängt vom Gewässertyp und dessen Nährstoffgehalt ab.

- Bei einem nährstoffreichen Weiher bilden sich am Ufer Röhrichtgürtel mit Schilf und Großseggen. Schreitet die Verlandung fort, das heißt, wird das Schilf nicht regelmäßig entfernt, geht das Röhricht meist in einen Erlen-Bruchwald über. Bereits eine einmalige

Seerosen tragen mit ihrem oft armdicken Wurzelstock zur Verlandung von Weihern und Teichen bei.

Der hübsche Fieberklee ist auf feuchte Standorte wie Moore oder Sümpfe angewiesen. Da diese immer seltener werden, ist er bedroht.

Mahd im Herbst lässt in solchen Gebieten artenreiche Streuwiesen mit Mehlprimeln, Trollblumen oder Lungenenzian entstehen.

- Aus nährstoffarmen, sauren Gewässern bilden sich nach der Verlandung meist Niedermoore oder Sümpfe. Während bei Ersteren durch den hohen Wasserstand das absterbende Pflanzenmaterial nur unvollständig zersetzt wird und langsam vertorft, findet in Sümpfen eine vollständige Zersetzung statt.

Feuchte Lebensräume

Die Flora feuchter Biotopformen, der Moore, Sümpfe und Feuchtwiesen, ähnelt sich. Gemeinsames Kennzeichen ist ein Durchlüftungsgewebe in den im Wasser stehenden Pflanzenteilen als Anpassung an den geringen Sauerstoffgehalt. Typische Pflanzen sind das Sumpf-Blutauge (siehe Seite 52/53), verschiedene Knabenkrautarten oder der Fieberklee (siehe Seite 110/111).

- Hochmoore entstehen in kühlen, niederschlagsreichen Gegenden, in denen die Wasserverdunstung geringer ist als der Niederschlag. Sie entstehen häufig über Flachmooren oder Mineralböden. Typisches Kennzeichen ist eine starke Torfschicht, die sich durch unvollständige Zersetzung aufbaut und die Oberfläche des Moors

In Hochstaudenfluren, auf Weiden und Almen im Gebirge wächst der giftige Blaue Eisenhut.

uhrglasförmig nach oben wölbt. Allmählich verlieren die Pflanzen des Hochmoors, die Torfmoose, den Anschluss an das Grundwasser und sind auf die Aufnahme von Wasser und Nährstoffen aus der Luft angewiesen. Hochmoore sind deshalb sehr extreme und überaus artenarme Lebensräume.

Trockenrasen

So bezeichnet man allgemein Lebensräume im Tiefland, die in niederschlagsarmen Gegenden mit warmem Klima vorkommen. Sie sind meist vom Menschen durch Rodung der dort ursprünglich heimischen Trockenwälder geschaffen und werden durch Beweidung oder einmaliges Mähen pro Jahr offen gehalten. Die Pflanzen dieser trockenen Standorte sind wärmeliebend und vertragen in der Regel kaum Frost. Typische Vertreter sind Hopfenklee (siehe Seite 204/205), Scharfer Mauerpfeffer (siehe Seite 196/197), Zypressen-Wolfsmilch (siehe Seite 194/195), Echtes Johanniskraut (siehe Seite 192/193) oder Habichtskraut (siehe Seite 220/221). Ist der Untergrund kalkhaltig, spricht man von Kalkmagerrasen. Hier gedeihen zum Beispiel Fliegen-Ragwurz (siehe Seite 248/249) oder Tauben-Skabiose (siehe Seite 148/149). Über kalkfreiem Untergrund, dem Silikatmagerrasen, fühlen sich Arnika, Hunds-Veilchen oder Feld-Enzian wohl.

Lebensräume im Gebirge

Je nach Höhenmeter und Bodenbeschaffenheit findet sich in Gebirgen eine Vielzahl an Biotopen. Ohne menschliches Eingreifen erstreckt sich bis zu etwa 2000 m Höhe der Bergwald, darüber hinaus folgt an trockenen Standorten Latschengebüsch, auf feuchtem Untergrund Grünerlengebüsch. In dieser Zone kann man in Hochstaudengesellschaften zum Beispiel den Blauen Eisenhut (siehe Seite 136/137) finden. Oberhalb der Waldgrenze erstreckt sich der Bereich der Matten und Felsen. Die Matten entsprechen den Trockenrasen im Flachland. Auch hier unterscheidet man ebenfalls kalk- und silikatliebende Pflanzengesellschaften. Auf den Matten gedeihen beispielsweise Habichtskraut oder Arnika, auf Felsen breitet sich unter anderem der Scharfe Mauerpfeffer aus.

Die Artenauswahl in diesem Band konzentriert sich auf Pflanzen aus dem Flachland. Alpenblumen sind in einem gesonderten Band nachzuschlagen.

VON GIFTIGEN UND HEILKRÄFTIGEN PFLANZEN

Manche Pflanzen, wie zum Beispiel die Tollkirsche und das Maiglöckchen, sind allgemein als giftig bekannt. Den Blauen Eisenhut kennt man als die giftigste Pflanze Europas. Aus allen drei genannten Pflanzen werden aber auch Wirkstoffe zu Heilzwecken in der Medizin eingesetzt. Schon früher waren sie in der Volksheilkunde bewährte Mittel. Was macht eine Pflanze also giftig bzw. heilkräftig? Hier gilt immer noch der Satz des mittelalterlichen Arztes Paracelsus (1494–1541), der sagte: »Alle Dinge sind Gift und nichts ist ohne Gift, allein die Dosis macht, dass ein Ding kein Gift ist.« Das heißt nichts anderes, als dass eine bestimmte Pflanze in Maßen genossen uns nicht schadet, dass aber zu viel davon unsere Gesundheit gefährdet.

Giftpflanzen

Als solche bezeichnet man allgemein Pflanzen, deren Genuss zu Erkrankungen, Vergiftungserscheinungen oder zum Tod führen kann. In Mitteleuropa sind ungefähr 50 Pflanzenfamilien bekannt, in denen

Die Tollkirsche ist sehr giftig, doch in potenzierter Form etwa ein wichtiges homöopathisches Mittel.

sich giftige Arten finden. Auf den Pflanzenbeschreibungen ab Seite 42 wird durch den Buchstaben »G« darauf hingewiesen, dass die betreffende Pflanze giftig ist. Nicht unterschieden wird allerdings, ob sie stark oder schwach giftig ist. Denn was bei dem einen »nur« Übelkeit oder Erbrechen auslöst, kann einem anderen vielleicht schon das Bewusstsein rauben. Außerdem sind die giftigen Wirkstoffe nicht immer in allen Pflanzen in gleicher Konzentration enthalten. Sie können je nach Wuchsort, Jahreszeit oder Witterung schwanken. Die Giftstoffe werden verschiedenen Klassen zugeordnet, etwa Alkaloiden, Saponinen oder Glykosiden.

Wiesendermatitis

Manche Pflanzen können uns bereits beim bloßen Kontakt mit ihnen schaden. So können schon bestimmte Inhaltsstoffe die nackte Haut reizen und zu Rötungen und Juckreiz führen. Ist die Haut zusätzlich der Sonne ausgesetzt, wird die Wirkung gesteigert. Es kann zu Blasenbildung, Ekzemen und sogar zur Hautablösung kommen. Verantwortlich für diese heftigen Reaktionen sind sogenannte »Furocumarine«. Sie sind zum Beispiel in vielen Doldenblütlern wie im Wiesen-Bärenklau oder im Schierling enthalten.

Erste Hilfe bei Vergiftungen: Bei Hautreizungen wäscht man die betroffenen Stellen mit lauwarmem Wasser und Seife ab. In das Wasser kann man auch einige Tropfen des ätherischen Öls der Echten Kamille *(Matricaria recutita)* geben. Wurde eine Giftpflanze gegessen, sollte man umgehend versuchen, die aufgenommenen Pflanzenteile durch Erbrechen aus dem Körper zu entfernen. Dazu ist es notwendig, viel Wasser, Tee oder Saft zu trinken, aber auf keinen Fall Milch oder Alkoholika. Dringend sollte man sofort einen Arzt oder Notdienst aufsuchen. Für

Die Schafgarbe ist eine unserer ältesten, bereits in der Antike bekannten Heilpflanzen.

die weitere Behandlung kann es sehr hilfreich sein, die giftige Pflanze bzw. das Erbrochene mitzunehmen.

Heilpflanzen

Die heilkräftige Wirkung vieler Pflanzen wurde bereits im Altertum genutzt und hat bis heute angehalten. Zeugnisse altertümlicher Nutzung von Pflanzen liefern die Schriften bekannter Heilkundiger und Ärzte aus Griechenland und dem Römischen Reich oder die Kräuterbücher aus unserem Kulturkreis.

Vergleicht man die Anwendungsgebiete von damals und heute, ist festzustellen, dass unsere Vorfahren bereits bewundernswerte Kenntnisse über Wirkung und Inhaltsstoffe hatten, denn bis heute hat sich bei vielen Pflanzen kaum etwas in der ursprünglichen Indikation geändert. Manche Heilpflanzen werden heute nicht mehr eingesetzt, weil sie wirkungslos sind, andere wegen ihrer mittlerweile bekannten Nebenwirkungen.

Weil Sammler den Türkenbund oft mitsamt Wurzel ausgruben, ist er selten geworden und steht heute unter Schutz.

Dieses Buch handelt nicht ausschließlich von Heilpflanzen. Vielmehr wurde das Thema nur angerissen, um die vielseitigen Aspekte unserer Blumen darzustellen oder um bestimmte regionale Namen zu erklären. Wollen Sie die heute gebräuchlichen Anwendungen kennenlernen, informieren Sie sich bitte in einem Heilpflanzenbuch.

GEFÄHRDUNG UND SCHUTZ DER BLUMEN

Bei einem Spaziergang durch Wald und Wiese verlocken die bunten Blumen geradezu, einen Strauß für das eigene Heim zu pflücken. In Maßen ist das auch erlaubt – vorausgesetzt, die Blumen sind nicht geschützt. Da einige Arten durch übermäßiges Sammeln mittlerweile bedroht sind, ist das Pflücken von Blumen heute gesetzlich geregelt. Im Buch sind alle Pflanzen, die derzeit bei uns in Deutschland unter Schutz stehen, mit dem Buchstaben »A« gekennzeichnet. Diese Arten dürfen keinesfalls gepflückt oder ausgegraben werden, auch wenn sie auf offenem Gelände wachsen.

Gefährdungsursachen der Blütenpflanzen

Neben dem Pflücken und – schlimmer noch – Ausgraben von Pflanzen gibt es noch weit gravierendere Gefährdungsursachen. Hier ein kurzer Überblick.

An erster Stelle steht die Standortzerstörung durch Baumaßnahmen wie Straßenbau, Ausweisungen von Neubau-, Industrie- und Gewerbegebieten auf der »grünen Wiese« oder Abbau von Rohstoffen. Auch die landwirtschaftliche Nutzung trägt viel zum Rückgang von Pflanzenarten bei, indem die Bewirtschaftung von bisher extensiv genutztem Grünland intensiviert wird oder Brachflächen, die wichtige Rückzugsgebiete für viele Arten von Mager- oder Trockenstandorten darstellen, unter den Pflug genommen werden. Durch das Aufforsten von Mooren, Trockenrasen oder anderen sog. unproduktiven Flächen gehen viele Lebensräume für Pflanzen von Offenflächen ver-

Die Bach-Nelkenwurz ist auf feuchte Lebensräume angewiesen. Deren Schutz trägt auch zum Fortbestand dieser Art bei.

Die Fliegen-Ragwurzt steht wie viele weitere Orchideen auf der Roten Liste der gefährdeten Pflanzenarten.

loren und damit auch die Pflanzen selbst. Ein großer Teil der Blumen ist auch durch Überdüngung der Böden und gezielten Eintrag von Herbiziden und Pestiziden gefährdet.

Schutzmaßnahmen

Da Trockenrasen und Feuchtwiesen zu den am stärksten bedrohten Lebensräumen bei uns zählen, setzen Schutzmaßnahmen meist dort an. Dazu gehören gezielte Pflegemaßnahmen wie Entbuschung, extensive Mahd und Beweidung. In manchen Gebieten haben sie bereits zu einer Stabilisierung der Pflanzenwelt dieser Lebensräume geführt. Auch Fördermaßnahmen wie Ackerrandstreifenprogramme sind gebietsweise sehr erfolgreich. Bundesweit ist derzeit jedoch bei Pflanzen keine generelle Entschärfung der Gefährdungssituation erkennbar.

Rote Listen: Um dem allgemeinen Artensterben Einhalt zu gebieten, werden seit 1966 alljährlich von der Weltnaturschutzunion sogenannte Rote Listen erstellt. Darin werden alle Pflanzen- und Tierarten aufgeführt, die weltweit bedroht sind.

Auch für die einzelnen Länder gibt es solche Listen. Sie informieren nicht nur über die Gefährdungssituation der betreffenden Arten und ihrer Lebensräume, sondern helfen auch sie zu schützen. So liefern sie zum Beispiel Naturschutzverbänden Argumente gegen den Bau von Großprojekten, die besonders wertvolle Naturräume zerstören würden. Regionale Listen haben den Vorteil, dass auch geografische Besonderheiten Eingang finden. In Deutschland gibt es eine vom Bundesamt für Naturschutz herausgegebene Rote Liste für das gesamte Bundesgebiet sowie regionale Listen der einzelnen Bundesländer. Etwa die Hälfte aller bei uns vorkommenden Pflanzenarten wurde dafür ausgewertet. Davon sind ca. 40 Prozent in die Rote Liste aufgenommen worden. Für vier Prozent gilt »Kategorie 0«, das heißt, diese Pflanzen sind bereits ausgestorben oder verschollen.

Die Rote Liste entspricht allerdings nicht der Liste der geschützten Pflanzen und Tiere, die in der Anlage 1 der Bundesartenschutzverordnung (siehe Kasten rechts) aufgeführt sind.

Die Unterschutzstellung von wertvollen Lebensräumen kommt auch ihren Bewohnern – ob Tieren oder Pflanzen – zugute.

Gesetzlicher Schutz in Deutschland

Bundesnaturschutzgesetz (BNatSchG): *Es beschreibt die Ziele und Grundsätze für Naturschutz und Landschaftspflege und stellt den Zusammenhang zum europäischen Naturschutzprogramm »Natura 2000« her. Jeder soll sich so verhalten, dass Natur und Landschaft so wenig wie möglich beeinträchtigt werden.*
Bundesartenschutzverordnung (BArtSchV): *Sie erweitert und verschärft den Schutz wildlebender Tier- und Pflanzenarten der Verordnung (EG) Nr. 338/97 (Artenschutzverordnung) von 1984, durch die in allen EG-Mitgliedstaaten das Washingtoner Artenschutzabkommen in Kraft gesetzt wurde. Die Liste der geschützten Pflanzen und Tiere findet sich in der Anlage 1.*

Rote Blütenfarbe

Klatschmohn (G)

Papaver rhoeas

Die Knospen nicken, sobald sie aufblühen, richten sich die Stängel auf. Dann fallen die beiden borstig behaarten Kelchblätter ab.

In der christlichen Mythologie galten die abfallenden Blätter des Klatschmohns lange Zeit als Symbol für die Vergänglichkeit des Lebens. Weitaus freudiger war der Brauch, den Klatschmohn als Liebesorakel zu gebrauchen: ein Schlag mit der flachen Hand auf die Blütenblätter verursacht ein knallendes Geräusch, dessen Intensität der Gegenliebe des Partners entsprechen soll. Heute ist der Bestand des einst häufigen Klatschmohns durch Saatgutbereinigung stark zurückgegangen.

VORKOMMEN fast ganz Europa, häufig, nach Norden zu seltener; Getreidefelder, Äcker, Schutt- und Brachflächen, Wegränder, Bahndämme; auf kalkhaltigen, nährstoffreichen Böden

GRÖSSE 30–80 cm hoch; aufrechter Wuchs

MERKMALE Blüten endständig, bis 8 cm im Durchmesser, leuchtend rot, oft mit schwarzem Fleck am Grund, zahlreiche schwarze Staubblätter (je Blüte etwa 2,5 Mio. Pollenkörner); Blätter fiederteilig mit gezähnten Abschnitten, bis 15 cm lang; Stängel behaart; Frucht eine Porenkapsel mit »Deckel« aus zahlreichen verwachsenen Narbenstrahlen (sog. Streufrucht), darunter ebenso viele lochförmige Öffnungen, durch die die leichten Samen vom Wind herausgeschüttelt und bis 4 m weit verblasen werden

ACHTUNG! Der Milchsaft ist schwach giftig.

BLÜTEZEIT

J	F	M	A	M	J	J	A	S	O	N	D

Typisch

Die Pflanze führt Milchsaft. Darauf bezieht sich vermutlich der wissenschaftliche Artname rhoeas, *der »Fließen« bedeutet.*

Kuckucks-Lichtnelke

Lychnis flos-cuculi

Sobald im Mai der Kuckuck ruft, ist es nicht nur Frühling, es blüht auch die Kuckucks-Lichtnelke. Ihren »gefiederten« Beinamen erhielt sie aus einer Zeit, als die beiden Phänomene – Frühlingsbeginn und die Rückkehr des Kuckucks in sein Brutgebiet – noch fest zusammengehörten. An ihren verästelten Stängeln findet man in diesen Monaten dann auch oft den sogenannten Kuckucksspeichel. Was wie Schaumbällchen oder Spucke aussieht, sind die Nester der Wiesenschaumzikade, in denen deren Larven leben.

VORKOMMEN fast ganz Europa; Feucht- und Moorwiesen, Flachmoore, Auwälder, bis in 1500 m Höhe; auf staunassen, nährstoffreichen Böden

GRÖSSE 30–80 cm hoch; aufrechter Wuchs

Das zerzauste Aussehen der Blüten führte zu regional gebräuchlichen Namen wie »Zottelblom«. Der Name kommt nicht von ungefähr.

Die Blüten werden meist von Tagfaltern bestäubt, die mit ihren langen Rüsseln den Nektar am Ende der Blütenröhre erreichen.

MERKMALE Blütenstand eine endständige lockere Trugdolde; Blüte bis 4 cm im Durchmesser, 5 rosarote Kronblätter, tief zerteilt, mit 2-teiligen Schlundschuppen, 5 Kelchblätter zu glockiger Röhre verwachsen, oft rötlich braun überflogen, zehnnervig; Grundblätter in einer Rosette, gestielt, spatelförmig, oft gewimpert, Stängelblätter lineal-lanzettlich, spitz, sitzend; Stängel kantig, kahl, im Bereich des Blütenstands manchmal verzweigt, kurzhaarig, oft rötlich überlaufen; Frucht eine eiförmige Kapsel

Typisch

Die rosaroten Kronblätter sind tief vierzipfelig gespalten. Dadurch gewinnt man den Eindruck, die Blüte bestünde aus vielen Blütenblättern.

BLÜTEZEIT

J	F	M	A	M	J	J	A	S	O	N	D

Rote Lichtnelke

Silene dioica

Die Rote Lichtnelke wurde im mittelalterlichen Aberglauben häufig mit Kobolden, Tod und Teufel in Verbindung gebracht. Ihre zu Brei zerstoßenen Samen verwendete man zur Behandlung von Schlangenbissen, ihre Wurzel als Seife. Aufgrund ihres tiefen Blütenkelches kann sie nur von Schmetterlingen bestäubt werden. Hummeln beißen den Kelch an, um an den Nektar zu kommen. Die Lichtnelken-Kapseleule, eine Schmetterlingsart, nutzt die Pflanze, indem sie ihr Ei in der Blüte ablegt.

VORKOMMEN fast ganz Europa, häufig; Auwälder, feuchte Bereiche in Laub- und Mischwäldern, Gebüsche, feuchte Wiesen, Hochstaudenfluren, Schuttflächen, bis in 2400 m Höhe; auf nährstoffreichen, sickerfeuchten Böden

GRÖSSE 30–100 cm hoch; aufrechter Wuchs

Stängel und Kelchröhre sind rötlich überlaufen.

Am Übergang der freien Blütenblätter in die Röhre, dem Schlund in der Mitte der Blüte, bilden zweigeteilte Läppchen eine kleine Nebenkrone.

MERKMALE Blütenstand eine lockere Trugdolde; Blüten mit 5 roten, tief zweigespaltenen Kronblättern, 5 Kelchblätter zu einer Röhre verwachsen, zehnnervig, bei weiblichen Blüten deutlich bauchig, stark behaart; Blätter gegenständig, obere eiförmig, sitzend; Stängel behaart, im oberen Bereich wenig verzweigt; die Pflanze ist zweihäusig, es gibt männliche und weibliche Pflanzen

Typisch

Die Rote Lichtnelke blüht – im Gegensatz zu den weiß blühenden Lichtnelkenarten – nur tagsüber.

BLÜTEZEIT

J	F	M	A	M	J	J	A	S	O	N	D

Echtes Seifenkraut

Saponaria officinalis

Sowohl im deutschen Namen als auch im wissenschaftlichen Gattungsnamen der Pflanze wird auf ihre Verwendung in früheren Zeiten hingewiesen: Mit dem Absud aus der Wurzel wurde ab dem Mittelalter gewaschen. Damals nannte man die Pflanze deshalb auch »Waschkraut«. Verantwortlich für die seifenähnliche Wirkung sind

Typisch für Nelkengewächse ist die Fünfzähligkeit der Blütenblätter.

Saponine. Auch als Heilpflanze fand das Seifenkraut Verwendung. Mit dem Tee aus dem Kraut behandelte man Atemwegserkrankungen wie zähen, fest sitzenden Husten, aber auch chronische Hauterkrankungen oder rheumatische Beschwerden.

VORKOMMEN Mittel- und Südeuropa, häufig; feuchte Ufer, Kiesbänke, Lichtungen, Auwälder, Hecken und Gebüsche, Schuttflächen, Wegränder; auf lockeren, sickerfeuchten, sandigen oder kiesigen Böden

GRÖSSE 30–70 cm hoch; aufrechter Wuchs

MERKMALE Blütenstand eine endständige, vielblütige Rispe; Blüten rosarot bis fast weiß, bis 3 cm im Durchmesser, 5 Kronblätter mit 2-lappiger Nebenkrone, Kelch zu schmaler, ca. 2 cm langer Röhre verwachsen; Blätter gegenständig, linealisch bis lanzettlich, spitz, dreinervig, bis 10 cm lang; Stängel im oberen Bereich verzweigt, fein flaumig behaart, rötlich überlaufen; Frucht eine einfächerige Kapsel, die Samen werden durch den Wind oder vorbeistreifende Tiere herausgeschüttelt

BLÜTEZEIT

J	F	M	A	M	J	J	A	S	O	N	D

Typisch

Das Echte Seifenkraut verströmt nachts einen intensiven Duft. Damit werden Nachtschmetterlinge angelockt, die die Bestäubung übernehmen. Nur sie erreichen mit ihren langen Rüsseln den Nektar am Ende der tiefen Kelchröhre.

Wiesen-Schaumkraut

Cardamine pratensis

Wie bei der Kuckucks-Lichtnelke (siehe Seite 44/45) findet man auch auf dem Wiesen-Schaumkraut im Frühling häufig die Speichelnester der Wiesenschaumzikaden. Sie sind nicht die einzigen, die das Kraut als Nahrung nutzen: Für die Raupen des Aurorafalters ist die Pflanze Hauptnahrungsmittel, auch die Raupen des Rapsweißlings fressen daran. Aufgrund des hohen Vitamin-C-Gehaltes und der reichlichen Senföle eignet es sich auch für den Menschen als Zutat für Salate, Suppen oder Quarks. Die enthaltenen Bitterstoffe unterstützen eine blutreinigende Frühjahrskur.

VORKOMMEN fast ganz Europa, häufig; feuchte Fettwiesen, Feuchtwiesen, Flachmoore, Ufer, feuchte Bereiche in Wäldern, Auwälder, bis in 2500 m Höhe; auf nährstoffreichen Böden mit hohem Grundwasserstand

GRÖSSE 15–60 cm hoch; aufrechter Wuchs

Die Blätter im Stängelbereich sind unpaarig gefiedert, jedes Teilblättchen ist sehr schmal.

MERKMALE Blütenstand eine endständige lockere Traube; Blüten rosa, auch blasslila oder weißlich, bis 2 cm im Durchmesser, Fruchtknoten mehr als 3-mal so lang wie breit, 4 Kelchblätter; Blätter unpaarig gefiedert, Grundblätter in einer Rosette, Fiederblätter rundlich, dreilappige Endfieder, Stängelblätter mit linealischen Fiederblättchen; Stängel rund, hohl, unverzweigt; Frucht eine Schote, bis 4 cm lang

BLÜTEZEIT

J	F	M	A	M	J	J	A	S	O	N	D

Typisch

Das Wiesen-Schaumkraut bildet manchmal dichte Bestände an feuchten Standorten.

Sumpf-blutauge (A)

Potentilla palustris

Typisch

Was auf den ersten Blick wie Kronblätter aussieht, sind die sternförmig ausgebreiteten, eiförmigen Kelchblätter. Die Blüte setzt sich aus je fünf Außen- und Innenkelchblättern sowie fünf Kronblättern zusammen.

BLÜTEZEIT

J	F	M	A	M	J	J	A	S	O	N	D

Die zahlreichen Samen, sogenannte Nüsschen, entwickeln sich innerhalb des blütenähnlichen Kelchs.

Der rote Farbstoff aus der Wurzel des Sumpfblutauges wurde in früherer Zeit häufig zum Färben und Gerben genutzt. Die Pflanze selbst galt als Mittel gegen Durchfall und Rheuma. Heute wird sie für keinen dieser Zwecke mehr eingesetzt, ist aber in den letzten Jahren als Begrünung für angelegte Teiche immer beliebter geworden. Da die Pflanze in ihrem Wachstum immer Richtung Wasser strebt, eignet sie sich hervorragend, um künstliche Uferzonen zu bepflanzen. Mit ihren roten Blüten ist sie auch optisch ein toller Blickfang.

VORKOMMEN fast ganz Europa, zerstreut; Sümpfe, Flach- und Zwischenmoore, Verlandungszonen von Gewässern, Gräben, vom Tiefland bis in 2000 m Höhe; auf mäßig sauren, kalkarmen, zeitweise überfluteten Böden

GRÖSSE 15–30 cm hoch; niederliegender bis bogig aufsteigender Wuchs

MERKMALE Blütenstand eine lockere Trugdolde; Blüten bis 3 cm im Durchmesser, dunkelpurpurn, Kronblätter schmaler und kürzer als die gleich gefärbten Kelchblätter; Blätter fingerförmig geteilt, die 5–7 Teilblättchen sind lanzettlich, grob gesägt, oberseits glänzend grün, unterseits silbrig behaart; Stängel im oberen Bereich verzweigt, oft rötlich überlaufen; Früchte zahlreich, klein, glatt, glänzend; breitet sich mit einem bis 1 m langen, im Schlamm kriechenden Wurzelstock aus

Bach-Nelkenwurz (G)

Geum rivale

Sowohl der wissenschaftliche Artname rivale *als auch der deutsche Zusatz Bach weisen auf den bevorzugten Standplatz am Wasser hin. Die Wurzel enthält das ätherische Öl Eugenol, das verantwortlich ist für den Geruch der Wurzel nach Gewürznelken. Davon rührt auch der deutsche Name Nelkenwurz. Man verwendete die Pflanze früher bei Entzündungen im Mundraum sowie bei Koliken und Verdauungsbeschwerden. Außerdem wurden mit der Wurzel Wein und Bier aromatisiert.*

VORKOMMEN Mittel- und Nordeuropa, im Tiefland seltener; Feuchtwiesen, Niedermoore, Staudenfluren an Bächen, Feuchtwälder, bis in 2000 m Höhe; auf nährstoffreichen, sickernassen Böden

GRÖSSE 20–60 cm hoch; aufrechter Wuchs

MERKMALE Blütenstand eine endständige Traube; Blüten glockig, bis 1,5 cm lang, Kronblätter innen blassgelb, außen dunkelrot, kaum länger als die rotbräunlichen, lanzettlichen Kelchblätter, Außenkelchblätter kürzer als Kelchblätter; Blätter grob gezähnt, Grundblätter lang gestielt, gefiedert, Endblättchen groß, meist dreiteilig, Stengelblätter gelappt oder einfach, mit großen Nebenblättern; Stängel kaum verzweigt, im oberen Bereich drüsig behaart, bräunlich rot; Früchte sind Nüsschen

ACHTUNG! Das Eugenol ist schwach giftig.

Die glockenförmigen Blüten werden vor allem von Hummeln bestäubt. Sie beißen jedoch die Blüten oft von hinten an, um an den Nektar zu kommen, und entziehen sich so ihrer »Aufgabe«.

BLÜTEZEIT

J	F	M	A	M	J	J	A	S	O	N	D

Typisch

In den nickenden Blüten entwickeln sich Nüsschen, die mit dem hakig gekrümmten Griffel im Fell von Tieren hängen bleiben und so verbreitet werden.

Blutweiderich

Lythrum salicaria

Ab dem 16. Jahrhundert nutzte man den Blutweiderich zum Gerben von Leder, außerdem imprägnierte man für den Schiffbau verwendete Seile und Holz. Im Altertum war er eine geschätzte Heilpflanze, verabreicht beispielsweise gegen Ekzeme und die Ruhr. Heute ist der Blutweiderich zwar weit verbreitet, aber als Heilpflanze kaum noch bekannt. In Nordamerika ist sie ein aus Europa eingeführter Neophyt *(siehe Seite 24).*

VORKOMMEN fast ganz Europa, häufig; Nasswiesen, Flachmoore, Gräben, Ufer, Röhricht, nasse Staudenfluren, Verlandungszonen von Stillgewässern; auf nassen, nährstoffreichen, auch zeitweise überschwemmten Böden, aber auch auf trockeneren Standorten

Die Blüten sind in dichten Quirlen um den Blütenstängel angeordnet.

GRÖSSE 50–150 cm hoch; aufrechter Wuchs

MERKMALE Blütenstand eine lange Ähre; Blüten purpurrot, bis 1,5 cm im Durchmesser, 6 Kronblätter, 12 Staubblätter, Kelch doppelreihig; Blätter lanzettlich, gegenständig oder zu Dreien quirlständig, bis 10 cm lang; Stängel selten verzweigt, vierkantig, am Grund verholzt; Frucht eine zweiklappig aufspringende Kapsel, Samen mit Schleimhaaren, die sich an die Federn von Wasservögeln heften und so die Verbreitung der Pflanze sichern

BLÜTEZEIT

J	F	M	A	M	J	J	A	S	O	N	D

Typisch

Der kerzenförmige Blütenstand kann aus über 100 Einzelblüten bestehen. Die Staubblätter sind unterschiedlich lang und stehen in zwei Reihen.

Typisch

Das Drüsige Springkraut bildet meist dichte Bestände, in deren Nähe es intensiv duftet. Es gedeiht an Standorten mit hoher Luftfeuchtigkeit. Am Blattstiel und Blattgrund befinden sich die namengebenden Drüsen. Ihnen entströmt der von manchen als unangenehm empfundene Geruch der Pflanze.

Drüsiges Springkraut

Impatiens glandulifera

Diese Pflanze, auch Indisches Springkraut genannt, ist, wie der Zweitname erahnen lässt, nicht ursprünglich in Europa beheimatet. Als Zierpflanze aus Indien eingeführt und später von Imkern als Bienenweide gezielt weiter verbreitet, wilderte sie rasch aus und hat mittlerweile ganz Europa bis auf die Mittelmeerländer erobert. Dank seiner enormen Wuchskraft und der Reichweite der Explosionsverbreitung (unten) verdrängt dieser Neophyt viele heimische Arten .

VORKOMMEN Mitteleuropa, verbreitet; Ufer, Gräben, Lichtungen, Wege und Ränder von nassen Wäldern, nasse Gebüsche, Schuttstellen; auf nährstoffreichen Lehm- oder Tonböden

Die Blüten hängen an den Stielen wie kleine, rosa Lampions.

GRÖSSE 50–200 cm hoch; aufrechter Wuchs

MERKMALE Blütenstand eine Traube mit 5–20 Blüten in den Blattachseln; Blüten rosa, bis 4 cm lang, mit kurzem, abwärts gerichtetem Sporn; Blätter länglich-eiförmig, bis 25 cm lang, scharf gesägt, gegenständig oder zu Dreien quirlständig; Stängel meist unverzweigt, glasig, rötlich überlaufen; Frucht eine bis 3 cm lange Kapsel, die bei Berührung explodiert (bereits Regentropfen reichen aus) und dadurch den Samen bis zu 7 m weit weg katapultiert

BLÜTEZEIT

J	F	M	A	M	J	J	A	S	O	N	D

Zottiges Weidenröschen

Epilobium hirsutum

Mit seiner Höhe von 1,50 Metern und den verzweigten Blütenständen ist das Zottige Weidenröschen eine stattliche Erscheinung nasser Standorte. Dieser Eindruck wird noch verstärkt, weil es oft dichte Bestände bildet. Dazu verhilft ihm sein kriechender Wurzelstock und die im Herbst reichlich produzierten Samen, die dank einer effektiven Flugvorrichtung rasch neue Standorte erobern. Mit den Samenhaaren hat man früher Kopfkissen gefüllt. Wegen der abstehenden Behaarung der Stängel heißt das Zottige Weidenröschen auch Rauhaariges Weidenröschen.

VORKOMMEN fast ganz Europa, häufig, nach Norden zu seltener; feuchte Wiesen, Gräben, Sümpfe, Quellen, Ufer, nasse Staudenfluren, feuchte Schuttstellen, bis in 1300 m Höhe; auf feuchten, nährstoffreichen, kalkhaltigen Böden

GRÖSSE 50–150 cm hoch; aufrechter Wuchs

MERKMALE Blütenstand eine lockere Traube; Blüten blattachselständig, mit purpurroten Kronblättern, Narbe mit 4 abstehenden Ästen, Kelchblätter grün; Blätter lineal-lanzettlich, bis 12 cm lang, scharf gesägt bis gezähnt, gegenständig, die oberen halb stängelumfassend; Stängel reich verzweigt; Frucht eine vierkantige, bis 5 cm lange Samenkapsel, die zur Reifezeit 4-klappig aufspringt, Samen mit langem Haarschopf, werden vom Wind vertragen

Die purpurroten Blüten können bis 4 cm im Durchmesser erreichen.

Typisch

Die Blüten wirken gestielt. Dabei handelt es sich um den stark verlängerten Fruchtknoten, aus dem sich später die Samenkapsel entwickelt.

Ruprechts-Storchschnabel

Geranium robertianum

Der Ruprechts-Storchschnabel richtet seine Blätter nach der Sonne aus. Die ganze Pflanze ist mit Drüsenhaaren besetzt.

BLÜTEZEIT

J	F	M	A	M	J	J	A	S	O	N	D

Im Mittelalter war der Ruprechts-Storchschnabel eine vielseitig eingesetzte Heilpflanze, die unter anderem bei Zahnschmerzen, Nierenproblemen wie Gicht oder Wunden half. Der Namensbestandteil Ruprecht erinnert an den heiligen Robert oder Ruprecht, der die Pflanze als Heilpflanze empfohlen haben soll. Der Name Storchschnabel bezieht sich auf die ähnlich geformten Früchte. Ein Tee aus dem Kraut sollte Frauen mit vergeblichem Kinderwunsch helfen. Mithilfe des unangenehm riechenden Krauts vertrieb man früher Wanzen.

VORKOMMEN fast ganz Europa, häufig; Wälder aller Art, Kahlschläge, Geröll- und Schutthalden, Mauern, Wegränder, Bahndämme; auf stickstoffreichen Böden, braucht hohe Luftfeuchtigkeit

GRÖSSE 25–50 cm hoch; niederliegender bis aufsteigender Wuchs

MERKMALE Blütenstand meist mit 2 Blüten; 5 Kronblätter, rosa, jedes mit hellen Längsstreifen, bis 1,5 cm im Durchmesser, Kelchblätter rötlich überlaufen, bis 8 mm lang; Blätter fiederteilig, die ebenfalls doppelt gefiederten Teilblättchen erscheinen wie eigenständige Blättchen; Stängel rötlich überlaufen; Frucht eine schnabelartige Springfrucht, bis 2,5 cm lang, enthält eine eingerollte Granne, weshalb sie unter Spannung steht, ab einem bestimmten Reifegrad löst sich die Spannung explosionsartig, die kleinen Samen werden dadurch weit weggeschleudert

Typisch

Die Blätter enthalten ein ätherisches Öl und verströmen beim Zerreiben einen unangenehmen Geruch. Deshalb heißt die Pflanze auch Stinkender Storchschnabel.

Ackerwinde

Convolvulus arvensis

Die Ackerwinde sieht man selten allein, sie ist sehr lichthungrig und windet sich in Linkswindungen an anderen Pflanzen der Sonne entgegen. Für fünf Zentimeter braucht sie weniger als drei Stunden. Der Artname arvensis *verweist wie der deutsche Name auf den Hauptwuchsort – Äcker. Früher wurden ihr Kraut und die Wurzeln als Abführmittel verwendet.*

VORKOMMEN fast ganz Europa, häufig; Äcker, Wegränder, Bahndämme, Schutt- und Brachflächen, Gärten, bis 1500 m Höhe; auf stickstoffhaltigen, lockeren Lehmböden

GRÖSSE 20–80 cm; am Boden kriechend oder an anderen Pflanzen windend

MERKMALE Blüten lang gestielt, meist einzeln in den Blattachseln; Blütenkrone trichterförmig, aus 5 Kronblättern verwachsen, bis 3 cm im Durchmesser und 3 cm lang, rosa mit weißen Streifen, duftend; Blätter gestielt, wechselständig, länglich-eiförmig, am Grund spieß- bis pfeilförmig, bis 4 cm lang; Stängel kahl; Frucht eine breiteiförmige Kapsel, öffnet sich mit 2 Klappen

BLÜTEZEIT

J	F	M	A	M	J	J	A	S	O	N	D

links: Die bis 3 cm großen Blüten öffnen sich nur bei Sonnenschein.

rechts: Die Ackerwinde gilt als gefürchtetes Unkraut, denn selbst kleinste Stücke ihrer unterirdisch kriechenden Sprosse können wieder austreiben.

Typisch

Die Ackerwinde rankt oft in großen Beständen an anderen Pflanzen hoch. Die Blüten sind sehr kurzlebig, denn sie sind bereits nach ca. 6 Stunden wieder verblüht.

Tollkirsche (G)

Atropa belladonna

Die Tollkirsche gehört mit zu den bekanntesten Giftpflanzen Mitteleuropas. Der Gattungsname Atropa *stammt aus der griechischen Mythologie und bezieht sich auf die Schicksalsgöttin Atropos. Sie ist diejenige, die den Lebensfaden abschneidet.* Belladonna *bedeutet aus dem Italienischen übersetzt »schöne Frau«: Früher wurde der atropinhaltige Saft der Tollkirsche aufgrund seiner pupillenvergrößernden Wirkung von Frauen oft zu Schönheitszwecken gebraucht.*

VORKOMMEN Mittel- und Südeuropa, häufig; Lichtungen und Wege in Wäldern aller Art, Kahlschläge, Waldränder, bis in 1500 m Höhe; auf lockeren, kalkhaltigen, nährstoffreichen Böden

GRÖSSE 50–150 cm hoch; aufrechter Wuchs

Die reifen Früchte enthalten zahlreiche unverdauliche Samen, die von Vögeln, die die Beeren gefressen haben, an anderer Stelle wieder ausgeschieden und so verbreitet werden.

Die Tollkirsche wächst zwar strauchartig, gehört botanisch aber nicht zu den Sträuchern, denn alle oberirdischen Teile sterben im Winter ab.

Die nickenden Blütenglocken mit zurückgebogenem Rand sind bis 3,5 cm lang.

MERKMALE Blüten gestielt, einzeln in den oberen Blattachseln, außen dunkelrot bis braunviolett, innen grünlich, Kelch mit 5 zugespitzten Zipfeln; Blätter kurz gestielt, eiförmig, spitz, bis 15 cm lang, im oberen Bereich jeweils ein größeres und ein kleineres Blatt scheinbar gegenständig; Stängel reich verzweigt, behaart; Frucht eine Beere, anfangs grün, reif glänzend schwarz, bis 1,5 cm im Durchmesser; als Bestäuber kommen größere Insekten wie Hummeln oder Bienen infrage, da sie die Staubblätter berühren, ein Haarkranz im Bluteninneren verhindert, dass kleine Insekten nur am Nektar naschen, ohne zu bestäuben

ACHTUNG! Die ganze Pflanze ist tödlich giftig, bereits der Verzehr von wenigen Beeren oder einem Blatt reicht aus!

BLÜTEZEIT

J	F	M	A	M	J	J	A	S	O	N	D

Typisch

Die kirschenähnlichen glänzend-schwarzen Beeren sitzen inmitten eines Kranzes aus grünen Kelchblättern.

Wasserminze

Mentha aquatica

Die Wasserminze enthält viele ätherische Öle, aber kaum Menthol. In der Volksheilkunde wird sie als krampflösendes Mittel bei Magen-Darm-Beschwerden sowie Leber- und Gallestörungen eingesetzt. Alle bei uns vorkommenden Minze-Arten bastardieren miteinander. Aus einer Kreuzung der Wasserminze und der Grünen Minze (Mentha spicata) *ist als Zufallsprodukt im 17. Jahrhundert in England die weitaus bekanntere Pfefferminze entstanden.*

Über Ausläufer sowohl im Wasser als auch unter der Erde kann sich die Wasserminze schnell ausbreiten und oft dichte Bestände bilden.

Die vier weit aus der Krone ragenden Staubblätter ergeben ein igeliges Aussehen. Die hellviolett farbenen Blüten locken viele Insekten mit einem reichen Nektarangebot.

VORKOMMEN fast ganz Europa, häufig; Sümpfe, Röhrichte, Ufer von fließenden und stehenden Gewässern, Gräben, nasse Wiesen; auf nährstoffreichen, auch zeitweise überschwemmten Böden

GRÖSSE 30–80 cm hoch; aufrechter Wuchs

MERKMALE Blütenstand ein kugeliger Scheinquirl am Ende des Stängels, darunter halbkugelige Scheinquirle in den Blattachseln; Krone rosa bis hellviolett, bis 7 mm lang, Haarring am Schlund, Kelchröhre 4 mm lang; Blätter gestielt, gegenständig, eiförmig, gesägt, bis 6 cm lang, beidseitig behaart; Stängel kantig, abstehend behaart, meist im oberen Bereich verzweigt, enthält Luftkanäle; Früchte sind Nüsschen

BLÜTEZEIT

J	F	M	A	M	J	J	A	S	O	N	D

Typisch

Die ganze Pflanze verströmt einen aromatischen Duft nach Minze, auch ohne dass man die Blätter zwischen den Fingern zerreibt.

Filzige Klette

Arctium tomentosum

Bei Kindern war die Filzige Klette schon immer sehr beliebt, denn mit den Früchten, die an allem hängen bleiben (Name!), kann man sich gut necken. Der wissenschaftliche Artname tomentosum *leitet sich von lateinisch »tomentum« ab, was Polsterung bedeutet und sich auf die feine Behaarung bezieht. Das aus den Wurzeln gewonnene Klettenöl hilft bei Haarausfall und Kopfschuppen. Die hakigen Früchtchen sind ein klassisches Beispiel für die Bionik, einen Wissenszweig, der die Natur als Vorbild für technische Probleme nimmt. Sie dienten als Vorbild für den Klettverschluss.*

VORKOMMEN fast ganz Europa, zerstreut; Wegränder, Schuttflächen, Gebüsche, Ufer, bis in 1500 m Höhe; auf stickstoffreichen, kalkhaltigen Böden

Die kugeligen Blütenköpfe sind in einer Rispe angeordnet.

GRÖSSE 50–150 cm hoch; aufrechter Wuchs

MERKMALE Blütenstand ein kugeliges Köpfchen, bis 3 cm im Durchmesser; Blüten nur mit purpurfarbenen Röhrenblüten, Hülle dicht spinnwebig behaart, kürzer als die Röhrenblüten, äußere Hüllblätter mit Hakenspitze, innere mit gerader Spitze; Blätter gestielt, breit ei-herzförmig, bis 50 cm lang, oberseits grün, unterseits filzig behaart; Stängel kräftig, reich verzweigt, tief gefurcht, wollig behaart; Frucht mit bis zu 3 mm langem Haarkranz

Typisch

Durch den stattlichen Wuchs und die filzige Behaarung ist die Filzige Klette unverkennbar.

Gewöhnliche Kratzdistel

Cirsium vulgare

Im stacheligen Korb der Gewöhnlichen Kratzdistel stehen dicht gepackt zahlreiche purpur- bis violettfarbene Blüten. Am Ende der Blütezeit werden sie zu Tausenden als Pusteblumen-ähnliche Fallschirme vom Wind davongetragen. In früheren Zeiten nutzte man diese »Daunen« oft als Kissenfüllung. Während Tiere die Distel aufgrund der Dornen als Nahrung weitgehend verschmähen, sind die jungen Knospen für den Menschen durchaus zu genießen, zum Beispiel in Butter gedünstet oder als falsche Kapern eingelegt.

Kennzeichen der Gewöhnlichen Kratzdistel ist neben den Stacheln ihr sparriger Wuchs. Die Blütenköpfchen können bis 4 cm breit und 8 cm lang werden. Pro Jahr produziert eine Pflanze bis zu 20 000 Samen.

VORKOMMEN fast ganz Europa, häufig; Wegränder, Schutt- und Brachflächen, Böschungen, Ufer, lichte Wälder, bis in 1300 m Höhe; auf nährstoffreichen, kalkhaltigen Böden

GRÖSSE 50–150 cm hoch; aufrechter Wuchs

MERKMALE Blütenköpfchen endständig, oval, nur mit hell rotvioletten Röhrenblüten, Hüllblätter spitzig, nach außen abstehend; Blätter am Rand dornig, tief geteilt, grob gebuchtet, Blattzipfel enden mit dornigen Spitzen, oberseits rauhaarig, unterseits grau-filzig, laufen an den Stängeln mit dornigen Bändern herab; Stängel kräftig, nur im oberen Bereich verzweigt; Frucht eine einsamige Nuss mit fedrigem Haarkranz

BLÜTEZEIT

J	F	M	A	M	J	J	A	S	O	N	D

Typisch

Die Stängel der Gewöhnlichen Kratzdistel wirken durch die dornigen Bänder wie geflügelt. Die Blüten werden wegen ihres Pollenreichtums gern von Insekten besucht.

Die Pestwurz bildet oft dichte Bestände. Mit ihrem kriechenden, walzenförmigen Wurzelstock verfestigt sie den Boden.

Gewöhnliche Pestwurz

Petasites hybridus

Im Mittelalter galten die Inhaltsstoffe des Wurzelstocks als wirksame Hilfe gegen die Pest. Aber auch wegen ihrer schweiß- und harntreibenden Wirkung wurde die Pestwurz damals bei Darmwürmern, Atemwegserkrankungen oder Hautbeschwerden genutzt. Aus diesem Grund hieß sie auch Schweißwurz. Heute setzt man sie in der Naturheilkunde bei Hauterkrankungen ein. Wegen der rötlichen Blüten wird sie zur Abgrenzung gegen die Weiße Pestwurz (Petasites albus) *auch Rote Pestwurz genannt.*

VORKOMMEN fast ganz Europa, häufig; Ufer von Bächen, Flüssen und Gräben, feuchte Schuttflächen, überschwemmte Wiesen, Erlengebüsch, bis in 1500 m Höhe; auf nährstoffreichen, sickernassen Böden

GRÖSSE zur Blütezeit 10–40 cm hoch, zur Fruchtzeit 100–120 cm hoch; aufrechter Wuchs

MERKMALE Blütenstand eine dichte Traube; Blütenköpfchen nur mit rötlich weißen Röhrenblüten, Pflanze ist zweihäusig, das heißt, es gibt Pflanzen nur mit weiblichen und nur mit männlichen Blüten, Hülle der männlichen Blüten doppelt so groß wie die der weiblichen Blüten; Blätter grundständig, sehr lang gestielt, oberseits grün, unterseits grauwollig, allmählich verkahlend, am Grund herzförmig eingebuchtet, grob gezähnt, Stängelblätter schuppenartig, lanzettlich, rötlich; Stängel kräftig, rötlich überlaufen; Frucht mit bis 1 cm langen, weißen Haaren

Typisch

Die großen, bis 60 cm breiten und 100 cm langen Blätter erscheinen erst nach der Blüte. Von allen einheimischen Pflanzen hat die Pestwurz die größten Blätter.

BLÜTEZEIT

J	F	M	A	M	J	J	A	S	O	N	D

Anfangs sitzen die Blüten dicht in eiförmigen Blütenständen, bis zur Fruchtreife wachsen die Blütenstängel zu lockeren Trauben aus.

Wasserdost (G)

Eupatorium cannabinum

Der Wasserdost wird wegen der Ähnlichkeit der Blätter mit Blättern des echten Hanfs auch Wasserhanf genannt. Darauf bezieht sich auch der wissenschaftliche Artname cannabinum. *Ein weiterer gebräuch-*

Die nektarreichen Blüten werden gern von vielen Insekten, vor allem Schwebfliegen und Schmetterlingen, besucht.

licher Name in der Volksheilkunde ist Kunigundenkraut, benannt nach der heiligen Kunigunde. Früher diente der Wasserdost wegen seiner schleimlösenden, abführenden und harntreibenden Wirkung als entgiftende Heilpflanze bei Fieber und Erkältungen. Heute wird er als Immunstimulanz bei Viruserkrankungen eingesetzt.

VORKOMMEN fast ganz Europa, häufig; lichte Laub- und Mischwälder, Auwälder, Waldränder, Kahlschläge, Hochstaudenfluren, Ufer; auf nährstoffreichen, kalkhaltigen, feuchten Böden

GRÖSSE 70–150 cm hoch; aufrechter Wuchs

MERKMALE Blütenstand eine schirmförmige Doldentraube; Blütenkörbchen rosarot, klein, bis 1 cm lang, nur mit 5-zähnigen Röhrenblüten, Narben lang hervorstehend; Blätter gegenständig, meist dreiteilig gefiedert, Fiederblätter lanzettlich, unregelmäßig grob gesägt; Stängel behaart, rötlich überlaufen, reich beblättert; Frucht 5-kantig, mit einfachem Haarkranz

ACHTUNG! Die Pflanze ist schwach giftig.

BLÜTEZEIT

J	F	M	A	M	J	J	A	S	O	N	D

Typisch

Der Wasserdost bildet oft dichte Bestände. Die Unscheinbarkeit der Einzelblüte wird durch die Masse des Gesamtblütenstands wett gemacht.

Herbstzeitlose (G)

Colchicum autumnale

Dieses im Herbst blühende Gewächs ist wohl eine der bekanntesten einheimischen Gift- und Heilpflanzen. Sie enthält vor allem in den Knollen und Samenschalen Colchicin, das auch heute noch als Gichtmittel dient. Gering dosiert wirkt es schmerzstillend und entzündungshemmend. Da es als Zellgift die Zellteilung hemmt, wird es auch in der Krebstherapie eingesetzt. Der wissenschaftliche Gattungsname leitet sich von der Gegend Kolchis am Schwarzen Meer ab. Dort lebte der Legende nach die Zauberin Medea, die aus der Herbstzeitlosen Zaubersäfte braute.

VORKOMMEN Mitteleuropa, im Norden Deutschlands seltener; feuchte Wiesen; auf sickerfeuchten, nährstoff- und kalkreichen Böden, an sonnigen oder halbschattigen Standorten

GRÖSSE 5–20 cm hoch

MERKMALE trichterförmige Blüte, bis 3 cm im Durchmesser, die 6 rötlich violetten Kronblätter sind am Grund zu einer langen Röhre verwachsen, 6 Staubblätter und 3 Griffel überragen die Röhre; Blätter grundständig in einer Rosette, länglich-lanzettlich, etwas fleischig, parallelnervig; Stängel erscheint erst mit der Frucht; Frucht eine bis 4 cm lange dreifächerige Kapsel, die auf kurzem Stiel inmitten der Blattrosette steht, enthält schwarzbraune Samen, die mit klebrigen Anhängseln an den Füßen von Tieren hängend verbreitet werden

Typisch

Die Herbstzeitlose blüht konkurrenzlos im Herbst. Der bis zu 20 cm lange Blütenstiel sind die zu einer Röhre verwachsenen Blütenblätter.

ACHTUNG! Die ganze Pflanze ist tödlich giftig. Bereits geringe Mengen reichen.

Wegen der Ähnlichkeit der Blüten mit Krokusblüten heißt die Herbstzeitlose auch Giftkrokus. Die bis 25 Zentimeter langen Blätter und die Fruchtkapseln erscheinen im Frühjahr.

BLÜTEZEIT

J	F	M	A	M	J	J	A	S	O	N	D

Diese Lilienart gedeiht auch an halbschattigen Standorten recht gut.

Türkenbund-Lilie (A)

Lilium martagon

Neben der Feuer-Lilie und der Madonnen-Lilie ist die Türkenbund-Lilie eine der drei »klassischen« mitteleuropäischen Lilien. Abends und auch nachts verströmt sie einen schweren, süßen Duft, der vor allem langrüsselige Schmetterlinge, wie zum Beispiel Schwärmer anlockt. Aufgrund der Blütenform können sich diese nicht setzen und schwirren während der Nahrungsaufnahme vor der Blüte in der Luft stehend. Neben Rehwild ist vor allem das Lilienhähnchen, ein Käfer, ein natürlicher Fressfeind der Pflanze.

VORKOMMEN Mittel- und Südeuropa, zerstreut, fehlt im Norden; Laub-, Misch-, Bergmischwälder, Bergwiesen, Hochstaudenfluren, bis in 2500 m Höhe; auf nährstoffreichen, kalkhaltigen Böden

GRÖSSE 30–120 cm hoch; aufrechter Wuchs

MERKMALE Blütenstand eine lockere Traube aus 3–10 Blüten; Blüten nickend, weit hervorragende Staubblätter; Blätter länglich spatelförmig, bis 15 cm lang, kahl, im mittleren Bereich des Stängels fast quirlständig, sonst wechselständig; Stängel kräftig, meist rot gefleckt; Frucht eine dreifächerige Kapsel, enthält bis zu 100 Samen, die entweder durch den Wind oder vorbeikommende Tiere aus der Kapsel geschüttelt werden

BLÜTEZEIT

J	F	M	A	M	J	J	A	S	O	N	D

Typisch

Die Blütenblätter sind so stark nach außen und oben umgebogen, dass sie den Blütenstiel berühren.

Die roten Blütenblätter sind dunkel gefleckt, die Blüte ist bis 6 cm groß.

Braunrote Stendelwurz (A)

Epipactis atrorubens

Diese hübsche Orchidee heißt auch Strandvanille, weil ihre Blüten nach Vanille duften und die Art früher vor allem in bereits verfestigten Dünen, sogenannten Graudünen, vorkam. Im hinteren Teil der zweigliedrigen Lippe befindet sich in einer flachen Schale Nektar. Wenn sich Insekten daran laben, bekommen sie den Pollen als Paket angeheftet. Beim Besuch der nächsten Blüte streifen sie das Pollenpaket an der Narbe ab.

VORKOMMEN Mittel- und Südeuropa, verbreitet, aber nicht häufig; Laub- und Nadelwälder bis über 2000 m Höhe, vor allem lichte, trockene Eichen-Kiefern-Wälder, Halbtrockenrasen, steinige Matten, Dünentäler; auf kalkhaltigen Böden

GRÖSSE 20–80 cm hoch; aufrechter Wuchs

MERKMALE Blütenstand eine schmale, lockere Ähre; Blüten bis 1,5 cm breit, purpurviolett bis bräunlich rot, Lippe spornlos, durch eine Einschnürung zweigliedrig; Blätter grün, ziemlich steif, länglich-eiförmig, spitz, am Stängel unterhalb des Blütenstands verteilt, sitzend oder fast den Stängel umfassend; Stängel kräftig, kann rot überlaufen sein, im oberen Bereich dicht flaumig behaart; Frucht eine ovale Kapsel, enthält die staubfeinen Samen

BLÜTEZEIT

J	F	M	A	M	J	J	A	S	O	N	D

Der Blütenstand kann bis zu 20 cm lang sein und sich aus bis zu 20 Einzelblüten zusammensetzen.

Typisch

Die rundliche Blütenform ergibt sich, weil die Sepalen und Petalen, die oberen und seitlichen Blütenblätter, nicht abstehen, sondern leicht zusammengeneigt sind.

Breitblättriges Knabenkraut (A)

Dactylorhiza majalis

Obwohl das Breitblättrige Knabenkraut in Deutschland noch relativ weit verbreitet ist, ist es wie alle Orchideenarten geschützt. Aufgrund von Stickstoffeintrag durch Düngung, Trockenlegen der Standorte und intensiver Beweidung gehen die Bestände aber wie die vieler anderer Pflanzenarten der Feuchtwiesen nach und nach zurück. Im Mittelalter wurden den wie Finger geformten Knollen übersinnliche Kräfte zugeschrieben. Die vorjährige dunkel gefärbte Knolle galt als Teufelsfinger, die diesjährige heller gefärbte als Marienfinger oder Johannishand.

VORKOMMEN weite Teile Europas, zerstreut; feuchte Wiesen, Gräben, Quellsümpfe, Flachmoore, bis über 2500 m Höhe; auf schwach sauren Böden

GRÖSSE 25–50 cm hoch; aufrechter Wuchs

MERKMALE Blütenstand eine dichte, vielblütige Ähre; Blüten lila-purpurrot, selten fleischfarben oder weiß, die oberen und seitlichen Blütenblätter ausgebreitet, Lippe breit, mehr oder weniger dreilappig, bis 1,2 cm lang, mit dunkleren

Mit wissenschaftlichem Artnamen heißt die Orchidee majalis, *weil sie bereits ab Mai blüht.*

Im Gegensatz zum Gefleckten Knabenkraut (siehe Seite 86/87) hat das Breitblättrige Knabenkraut einen hohlen Stängel, der sich zusammendrücken lässt.

Linien und Punkten, Sporn kurz, abwärts gerichtet, Hochblätter fast wie Stängelblätter geformt, grün bis rötlich, länger als die Blüten; Blätter breit-lanzettlich, bis 15 cm lang, meist schwarzbraun bis purpurn gefleckt; Stängel kräftig, kahl, hohl, im Bereich des Blütenstands oft rötlich überlaufen; Samen sehr fein

Typisch

Orchideen gehören zu den Pflanzen mit den kleinsten Samen. Diese werden vom Wind oft kilometerweit vertragen. Sie können aber nur keimen, wenn an ihrem Landeplatz im Boden ein bestimmter Pilz wächst, mit dem die Art eine symbiotische Lebensgemeinschaft bildet.

BLÜTEZEIT

J	F	M	A	M	J	J	A	S	O	N	D

Geflecktes Knabenkraut (A)

Dactylorhiza maculata

Wegen seines hohen Schleimgehaltes wurde das Gefleckte Knabenkraut schon in der Antike als Heilpflanze sehr geschätzt und etwa gegen Reizungen der Mund- und Magenschleimhaut eingesetzt. Wie die meisten Knabenkräuter tritt auch diese Art in unterschiedlichsten Varianten auf, was eine genaue Bestimmung oft recht schwer macht. Charakteristisches Merkmal sind die auffälligen Flecken der Blätter.

VORKOMMEN fast ganz Europa, stellenweise häufig; Nass- und Feuchtwiesen, Flachmoore, Bergwiesen, Gebüsche, lichte Wälder, Heiden, bis in 2000 m Höhe; auf eher sauren, wechselfeuchten Böden

GRÖSSE 20–60 cm hoch; aufrechter Wuchs

MERKMALE Blütenstand anfangs eine pyramiden-, später eine walzenförmige vielblütige Ähre; Blüten hellpurpur bis hellviolett, bis 2 cm breit, Lippe schwach dreilappig, mit kürzerem und kleinerem Mittellappen, meist ganze Lippe dunkel gezeichnet, Sporn schlank, abwärts gerichtet; Blätter lanzettlich bis linealisch, bis 1,5 cm breit, spitz, dicht mit runden dunklen Flecken übersät; Stängel markig gefüllt, lässt sich nicht zusammendrücken; winzige Samen

BLÜTEZEIT

J	F	M	A	M	J	J	A	S	O	N	D

Typisch

Bei den Dactylorhiza-*Arten wird im Sporn kein Nektar für die Insekten bereitgestellt. Trotzdem suchen diese die Blüte auf. Dabei laden sie sich die Pollenpakete auf und tragen sie zur nächsten Blüte.*

Der Blütenstand ist anfangs pyramiden-, später walzenförmig.

Rotes Waldvögelein (A)

Cephalanthera rubra

Mit etwas Fantasie lässt sich in der geöffneten Blüte ein Vogel mit ausgebreiteten Schwingen erkennen, daher der deutsche Name. Trotz ihrer relativ weiten Verbreitung über große Teile Europas und ostwärts bis Kleinasien findet man sie nur an wenigen Orten. Deshalb ist sie hierzulande mittlerweile streng geschützt. Ursachen der Bestandsminderung sind die Umwandlung seiner Waldlebensräume in Fichtenforste und das Ausgraben der ganzen Pflanzen.

VORKOMMEN fast ganz Europa, verbreitet; lichte Eichen- und Buchenwälder, aber auch lichte Kiefernwälder, bis in 2200 m Höhe; auf sonnigen, trockenen, kalkhaltigen Böden

GRÖSSE 20–50 cm hoch; aufrechter Wuchs

MERKMALE Blütenstand eine lockere Ähre aus 5–15 Blüten; Blüte rosa bis rötlich violett, erscheint gestielt, der Blütenstiel ist aber der gedrehte Fruchtknoten, seitliche Kelchblätter (= Sepalen) zur Seite abstehend, Lippe durch eine Einschnürung zweigeteilt, ohne Sporn, Hüllblätter so lang wie der Fruchtknoten; Blätter dunkelgrün, ei-lanzettlich, zugespitzt, bis 12 cm lang, abstehend; Stängel häufig im Blütenbereich kurvig, oben dicht drüsenhaarig; Samen sehr fein

BLÜTEZEIT

J	F	M	A	M	J	J	A	S	O	N	D

Im vorderen Teil der spitzen Lippe der Blüte befinden sich gelbliche Längsleisten.

Typisch

Beim Roten Waldvögelein öffnen sich die Blüten im Gegensatz zu den weiß blühenden Waldvögelein-Arten vollständig. Sie werden vor allem von Bienen bestäubt.

Weiße
Blütenfarbe

Weiße Seerose (A)

Nymphaea alba

Nicht nur in Hans Christian Andersens Märchen »Däumelieschen« werden weiße Seerosen von märchenhaften Wesen bewohnt. Auch schon früher wurden die weißen Blumen, die sich nur tagsüber öffnen, mit Wassergeistern oder Nymphen in Verbindung gebracht. Nach der griechischen Mythologie ist die Seerose aus einer Nymphe entstanden. Diese Verbindung spiegelt sich auch im Gattungsnamen Nymphaea *wider. Vor allem im Mittelalter sprach man der Weißen Seerose deshalb magische Kräfte zu.*

VORKOMMEN fast ganz Europa, zerstreut; nährstoffreiche, stehende oder langsam fließende Gewässer, Altwässer, ruhige Seebuchten; über humosen Schlammböden

Die Seerose gehört zu den Schwimmblattpflanzen. In den langen Stielen der Blätter und Blüten befinden sich große Lufträume, dadurch erhalten sie Auftrieb.

Diese Wasserpflanze trägt mit ihrem dicken Wurzelstock zur Verlandung von Gewässern bei.

GRÖSSE je nach Wassertiefe bis 3 m lange Stiele

MERKMALE Blüten schwimmend, weiß, bis 12 cm im Durchmesser, aus zahlreichen, in Spiralen angeordneten Kronblättern über 4 grünen Kelchblättern, im Zentrum zahlreiche gelbe fadenförmige Staubblätter, die Kelchblätter fallen nach dem Erblühen ab; Blätter auf langen Stielen, rundlich, lederartig, bis 30 cm im Durchmesser, am Blattgrund tief eingeschnitten, flach auf dem Wasser ausgebreitet schwimmend; Stängel elastisch, mit großen Lufträumen, dadurch erhält sie Auftrieb; Frucht halbkugelig bis eiförmig, Samen sind schwimmfähig

Typisch

Auf manchen Gewässern bilden die Seerosen mit ihren großen Blättern und schönen Blüten einen dichten Teppich. Die Blüten schließen sich ab Nachmittag.

BLÜTEZEIT

J	F	M	A	M	J	J	A	S	O	N	D

Buschwindröschen (G)

Anemone nemorosa

Der Legende nach ist das Buschwindröschen die verzauberte Nymphe Anemona, die in eine Blume verwandelt wurde, weil sich Zephyr, der Gott des Windes, in sie verliebt hatte. Da die Pflanze recht früh im Jahr blüht, heißt sie auch Osterblom oder Osterblume. Der grazile Frühblüher nutzt geschickt die guten Lichtverhältnisse im Frühlingswald, bevor das Laub der Bäume austreibt, um zu blühen und zu fruchten. Ihr zartes Aussehen täuscht, denn die ganze Pflanze ist giftig, ihr Saft reizt Haut und Schleimhäute. Im Mittelalter bereiteten die Jäger daraus sogar ein Pfeilgift für die Jagd.

VORKOMMEN fast ganz Europa, häufig, in Südeuropa nur im Gebirge; Laub- und Mischwälder, Gebüsche und Hecken, schattige Wiesen, Bergwiesen; auf kalkhaltigen, feuchten Böden

Sobald der Schnee geschmolzen ist, überziehen die Buschwindröschen den Boden mit einem weißen Teppich.

GRÖSSE 10–25 cm hoch; aufrechter Wuchs

MERKMALE pro Blütenstiel eine endständige Blüte; Blüten weiß, bis 4 cm im Durchmesser, oft außen rosa überhaucht, zahlreiche gelbe Staubblätter; drei Blätter als Hochblätter quirlständig im oberen Bereich des Stängels, gestielt, tief drei- bis fünfteilig, jeder Abschnitt grob gezähnt, Grundblatt wie Stängelblätter, erscheint erst nach der Blüte; Früchte klein, kugelig, dicht kurz behaart, kurz geschnäbelt, werden von Ameisen verbreitet

ACHTUNG! Die Pflanze enthält in allen Teilen Gift.

BLÜTEZEIT

J	F	M	A	M	J	J	A	S	O	N	D

Bei kühler Witterung und nachts bleibt die Blüte geschlossen.

Typisch

Buschwindröschen sind typische Frühblüher. Sie nutzen die kurze Zeit des vielen Lichts am Waldboden, wenn die Bäume noch nicht belaubt sind.

Taubenkropf-Leimkraut

Silene vulgaris

Die Namen Taubenkropf-Leimkraut oder Aufgeblasenes Leimkraut, wie die Pflanze auch heißt, gehen auf die bauchige Form des Kelchs zurück, der der Brust eines balzenden Tauben-Männchens ähnelt. Kindern bereitet es große Freude, wenn sie die aufgeblasenen Kelche zerdrücken und knallen lassen. Hiervon hat die Pflanze den volkstümlichen Namen Klatsch-Leimkraut.

VORKOMMEN fast ganz Europa; Äcker, Halbtrocken- und Magerrasen, Gebüsche, Wegränder, Bahndämme, Böschungen, Steinbrüche, bis über 2000 m Höhe; auf trockenen, flachgründigen Böden

Der Name Leimkraut ist etwas irreführend, denn im Gegensatz zu verwandten Arten hat das Taubenkropf-Leimkraut keinen klebrig behaarten Stängel.

Typisch

Die nektarreichen Blüten verströmen nachts einen süßlichen Geruch, von dem Nachtfalter als Bestäuber angelockt werden.

Der grünliche oder rötliche Kelch ist mit einer purpurfarbenen Netzäderung überzogen.

GRÖSSE 15–50 cm hoch; aufrechter Wuchs

MERKMALE Blütenstand eine lockere Rispe; Blüten nickend, bis 2 cm im Durchmesser, 5 weiße, tief zweigespaltene Kronblätter, aufgeblasener, grünlicher oder rötlich überhauchter Kelch mit purpurfarbener Netzäderung; Blätter gegenständig, bläulich grün, kahl, länglich eiförmig bis lanzettlich; Stängel kahl

Bitteres Schaumkraut

Cardamine amara

Im Mittelalter war das Bittere Schaumkraut aufgrund seines hohen Vitamin-C-Gehaltes eines der Hauptmittel gegen Skorbut. In der Volksheilkunde wurde es lange Zeit gegen Stoffwechselerkrankungen oder Verdauungsschwäche sowie zu blutreinigenden Frühjahrskuren eingesetzt. Wie die verwandte Brunnenkresse lässt sich auch das Schaumkraut in der Wildkräuter-Küche für Salate und Kräuterquark verwenden. Da der Geschmack, wie der Name erahnen lässt, recht bitter ist, sollte man nicht zu viel verwenden.

Kennzeichen der über 1 cm großen Blüten sind die auffälligen purpurfarbenen Staubbeutel.

Durch kriechende Ausläufer bildet das Bittere Schaumkraut an nassen Standorten dichte Bestände.

VORKOMMEN fast ganz Europa, in Mitteleuropa häufig, in Südeuropa nur im Gebirge; Bachränder, Gräben, Quellfluren, Nasswiesen, Au- und Bruchwälder; auf nährstoffreichen, nassen Böden

GRÖSSE 10–50 cm hoch; aufrechter Wuchs

MERKMALE Blütenstand eine Traube; Blüten weiß, 4 Kronblätter, jedes etwa 5–8 mm lang, purpurfarbene Staubbeutel; Grundblätter unpaarig gefiedert, mit 3–5 Fiederpaaren, Endfieder größer als die anderen Fiederblättchen, Teilblättchen oval, Stängelblätter meist einfach; Stängel markgefüllt, kantig; Frucht eine Schote, bis 4 cm lang und 2 mm breit

Typisch

Die am gleichen Standort vorkommende ähnliche Brunnenkresse unterscheidet sich vom Bitteren Schaumkraut durch gelbe Staubbeutel und einen hohlen Stängel.

BLÜTEZEIT

J	F	M	A	M	J	J	A	S	O	N	D

Weißklee

Trifolium repens

Als dreiblättriger »Shamrock« ist der Klee das inoffizielle Symbol Irlands: Der Nationalheilige St. Patrick soll den Iren im Rahmen seiner Missionstätigkeit an eben diesen Blättern die Dreifaltigkeit erklärt haben. Neben den zumeist dreizähligen Kleeblättern findet man vor allem beim Weißklee die glückbringenden vierzähligen Blätter. Das deutsche Wort »Klee« bezieht sich vermutlich auf den klebrigen Saft der Pflanze, es hat den gleichen Wortstamm wie Kleie (aus der Kleberschicht des Getreidekorns) oder Kleister/Kleben.

VORKOMMEN fast ganz Europa, häufig; Fettweiden, Wiesen, Parkrasen, Wegränder, Äcker, Schuttplätze, im Gebirge bis über 2000 m Höhe; auf nährstoffreichen, stickstoffhaltigen Böden

Nach dem Verblühen fallen die bräunlichen Blüten nicht ab, sondern hängen nach unten.

GRÖSSE 15–45 cm hoch; kriechender bis aufsteigender Wuchs

MERKMALE Blütenstand ein endständiges kugeliges Köpfchen auf langen Stielen, bis 2 cm im Durchmesser; Einzelblüten weiß, später bräunlich, Blütenkrone bis 1,2 cm lang, süßlich duftend; Blätter dreizählig, Fiederblättchen herzförmig, an den Rändern fein gezähnt, auf der Oberfläche mit einem hellen Band, kahl; bleibt in Wintern ohne Schnee grün; wegen des Nektarreichtums gute Bienenweide, häufig als Futterpflanze genutzt

BLÜTEZEIT

J	F	M	A	M	J	J	A	S	O	N	D

Kennzeichen der Blätter des Weißklees sind die hellen hufeisen- oder v-förmigen Abzeichen auf den Blättern.

Typisch

Der Weißklee ist sehr unempfindlich gegen Tritt und besiedelt deshalb auch verdichteten Boden. Er bildet mitunter dichte Rasen, da er sich über die, wie Ausläufer wirkenden, am Boden kriechenden Stängel ausbreitet und an den Knoten wurzelt.

Gewöhnliche Zaunwinde

Calystegia sepium

Bei der Zaunwinde wird der Blütenkelch von zwei herzförmigen Vorblättern eingeschlossen, die viel länger als die Kelchblätter sind.

Typisch

Die Blüten der Gewöhnlichen Zaunwinde zählen unter den einheimischen Pflanzen zu den größten. Sie schließen sich bei Regen.

Die lichtliebende Kletterpflanze kommt nie innerhalb von Wäldern vor. Sie präsentiert ihre Blüten immer der Sonne.

Die Kletterpflanze umwindet gegen den Uhrzeigersinn Zäune, andere Pflanzen und sonstige Stützen. Ihre Blüten sind häufig in mondhellen Nächten geöffnet und werden dann vom Windenschwärmer, einem Wanderfalter, bestäubt. Mit seinem 10 cm langen Rüssel gelangt er leicht an den Nektar am Grund der Trichterblüten. Der trichterförmige Bau der weißen Blüten spiegelt sich im wissenschaftlichen Gattungsnamen Calystegia *wider: Dieser setzt sich aus den griechischen Wörtern »kalyx« für Kelch und »stege« für Hülle zusammen.*

VORKOMMEN fast ganz Europa, häufig; Röhrichte, Ufer, Saum von Weiden- und Erlengebüsch, Waldränder, Unkrautfluren, Schuttplätze, Zäune, geht kaum höher als 800 m; auf nährstoffreichen, feuchten Ton- und Lehmböden

GRÖSSE 1–3 m hoch; windender Wuchs

MERKMALE Blüte gestielt, endständig, in Blattachseln; Blütenkrone weiß, trichterförmig, bis 6 cm im Durchmesser; Blätter lang gestielt, wechselständig, tief herz- bis pfeilförmig, bis 15 cm lang; Stängel hohl, kahl, windet sich entgegen dem Uhrzeigersinn nach oben, Triebspitze vollführt dabei in knapp 2 Stunden eine volle Kreisbahn; Frucht eine große, hellbraune Kapsel, öffnet sich durch Längsrisse

BLÜTEZEIT

J	F	M	A	M	J	J	A	S	O	N	D

Wald-Sauerklee (G)

Oxalis acetosella

Der Sauerklee gehört zu unseren häufigsten heimischen Waldpflanzen. Wo er gedeiht, bildet er oft dichte Teppiche. Seine Blätter neigen sich nachts und bei Besonnung nach unten in die Schlafstellung, im dämmrigen Licht stehen sie waagerecht. Aus dem sauer schmeckenden Inhaltsstoff Oxalsäure der Blätter hat man früher Reinigungsmittel zum Entrosten und Entfernen von Tintenflecken hergestellt. Auch als Heilmittel hat man ihn eingesetzt. Allerdings kann eine zu große Menge an Oxalsäure den Magen reizen und sogar giftig sein.

Der Wald-Sauerklee wächst an sehr schattigen Stellen im Wald, an denen sonst außer Moosen keine anderen Pflanzen mehr blühen.

Am Grund der Blüte befinden sich gelbe Saftmale. Zusammen mit der feinen Äderung weisen sie den bestäubenden Insekten den Weg ins Zentrum.

VORKOMMEN fast ganz Europa, in Südeuropa nur im Gebirge, verbreitet; Laub- und Nadelmischwälder, Gebüsche, Hochstaudenfluren, Zwergstrauchgesellschaften, bis in 2000 m Höhe; auf frischen bis feuchten, eher sauren Böden

GRÖSSE 5–15 cm hoch; aufrechter Wuchs

MERKMALE Blüten einzeln, langgestielt, endständig, weiß mit zart purpurfarbener Äderung, Blütenknospen nicken, nach dem Aufblühen richten sie sich auf; Blätter grundständig, langgestielt, hellgrün, dreizählig gefiedert ähnlich Kleeblättern, Fiederblättchen herzförmig; Stängel schwach behaart; Frucht eine 5-fächerige Kapsel, die aufspringt und dabei die Samen entlässt

ACHTUNG! Die enthaltene Oxalsäure und ihre Salze sind leicht giftig. Der Genuss größerer Mengen kann zu Nierensteinen führen.

BLÜTEZEIT

J	F	M	A	M	J	J	A	S	O	N	D

Typisch

Die Pflanze führt durch Lichteinfluss sogenannte Schlafbewegungen aus; die Fiederblättchen sind mit dem Blattstiel gelenkartig verbunden und falten sich bei schlechtem Wetter und nachts zusammen, die Blüten schließen sich.

Die schattenliebende Große Sterndolde wächst an ihr zusagenden Standorten oft in größeren Beständen.

Große Sterndolde

Astrantia major

»Großer Stern« – so lautet die wörtliche Übersetzung des wissenschaftlichen Namens. Er lässt sich auf das sternförmige Aussehen der Blütenköpfchen zurückführen. Diese bestehen aus vielen kleinen Einzelblüten, deren Lockwirkung auf Insekten durch Hüllblätter erhöht wird. Die Sterndolde stammt ursprünglich aus Osteuropa, heute wird sie bei uns wegen ihrer schönen Blüten auch als attraktive Zierpflanze in Gärten und Parkanlagen kultiviert.

VORKOMMEN Südeuropa und südliches Mitteleuropa, zerstreut; Bergwiesen, Bergwälder, Schlucht- und Auwälder, Hochstaudenfluren, bis in 2000 m Höhe; auf kalkhaltigen, nährstoffreichen Lehmböden

GRÖSSE 30–90 cm hoch; aufrechter Wuchs

MERKMALE Blütenstand eine langgestielte, kopfige Dolde mit zahlreichen Einzelblüten; Einzelblüte weißlich oder rötlich, sehr klein, mit weißlichem lanzettlichem Hüllblatt, alle Hüllblätter bilden einen sternförmigen Teller mit bis zu 3 cm Durchmesser; Grundblätter langgestielt, bis 20 cm breit, tief handförmig mit 5–7 grob gezähnten Lappen, Blätter am Stängel ähnlich, aber kleiner; Stängel kahl, nur im oberen Bereich verzweigt; Früchte länglich-eiförmig, ungeschnäbelt

BLÜTEZEIT

J	F	M	A	M	J	J	A	S	O	N	D

Blickt man von oben auf die Blüten der Sterndolde, sieht man, dass sie ihren Namen zu Recht trägt. Die Hüllblätter bilden einen sternförmigen Teller für die Einzelblüten.

Typisch

Wegen der unscheinbaren Einzelblütchen kommt den Hüllblättern eine wichtige Schaufunktion zu. Sie locken durch ihre auffällige Gestaltung die Bestäuber an.

Wiesen-Bärenklau (G)

Heracleum sphondylium

Die Größe der Pflanze spiegelt sich im wissenschaftlichen Gattungsnamen wider. Heracleum *geht vermutlich auf die griechische Sagengestalt Herakles bzw. Herkules zurück. Die Form der Blätter erinnerte unsere Vorfahren an die Tatzenabdrücke eines Bären. Seit dem Mittelalter ist der Bärenklau als Heilpflanze bekannt. Man setzte ihn beispielsweise bei Leber- oder Magen-Darm-Beschwerden ein. Als Wildgemüse bereichern die jungen Blätter auch heute noch unseren Speiseplan.*

Die Blüten bieten bestäubenden Insekten recht »freigebig« Nektar an. Auf den Dolden herrscht deshalb immer reger Flugverkehr.

Die stark vergrößerten Randblüten eines Döldchens sind asymmetrisch. Dadurch erscheint jeder Teilblütenstand wie eine große Einzelblüte.

VORKOMMEN fast ganz Europa, weit verbreitet, bei uns sehr häufig; Fettwiesen, Hochstaudenfluren, Wegränder, Gebüsche, Gräben und Bachufer, Schutt- und Brachflächen, Kahlschläge; auf überdüngten, nährstoffreichen Böden

GRÖSSE 80–150 cm hoch; aufrechter Wuchs

MERKMALE Blütenstand eine aus bis zu 30 Döldchen zusammengesetzte schirmartige Dolde, Döldchen bis 15 cm breit, aus zahlreichen weißen bis grünlich weißen Einzelblüten; Blätter 3- bis 4-fach gefiedert oder gelappt, am Rand grob gezähnt, oberseits dicht steifhaarig, derb mit großer gestreifter, aufgeblasener Blattscheide am Stängelansatz, Grundblätter gestielt; Stängel hohl, kantig gefurcht, borstig behaart, bis 2 cm dick; Frucht eiförmig, abgeflacht, gefurcht, doppelt geflügelt

ACHTUNG! Der Saft der Pflanze kann in Verbindung mit Sonnenlicht zu schmerzhaften Hautreizungen (Wiesendermatitis) führen.

BLÜTEZEIT

J	F	M	A	M	J	J	A	S	O	N	D

Typisch

Die ganze Pflanze riecht unangenehm. Die Samen werden entweder mithilfe von Regen, im Fell und an den Füßen von Tieren oder über den Wind verbreitet.

Die filigranen Blüten sind eine besondere Augenweide. Sie werden vor allem von Hummeln bestäubt.

Typisch

Als Knospen sind die Blüten noch rötlich, nach dem Aufblühen sind sie rein weiß. An seinen Standorten kommt der Fieberklee meist in größeren Beständen vor.

Fieberklee (A)

Menyanthes trifoliata

Die Blätter und Wurzeln des Fieberklees enthalten Vitamin C und wurden deshalb früher gegen Skorbut gegessen. Den verdauungsfördernden Bitterstoffen im dicken kriechenden Wurzelstock und in den Blättern verdankt der Fieberklee den Namen »Bitterklee«. Deshalb war er Bestandteil von Magenbittern. Da er bei uns geschützt ist, ist diese Anwendung nicht mehr möglich. In Schweden dient Fieberklee auch heute noch als Hopfenersatz beim Bierbrauen.

VORKOMMEN Nord- und Mitteleuropa, weit verbreitet, bei uns aber meist selten, in Südeuropa nur im Gebirge; Verlandungssümpfe von stehenden Gewässern, Flach- und Quellmoore, Gräben; auf saurem Torfboden

GRÖSSE 15–30 cm hoch; aufrechter Wuchs

MERKMALE Blütenstand eine aufrechte endständige Traube; Einzelblüten weiß, glockenförmig, Kronzipfel ausgebreitet, oberseits mit bartartigen Fransen, bis zu 1,5 cm im Durchmesser; Blätter grundständig, lang gestielt, fleischig, ähneln Kleeblättern, sind aber mit bis zu 10 cm Länge viel größer; Stängel hohl; Früchte sind kugelige Kapseln, enthalten zahlreiche abgeflachte Samen, diese sind schwimmfähig, so verbreitet sich die Pflanze

BLÜTEZEIT

J	F	M	A	M	J	J	A	S	O	N	D

Wiesen-Labkraut

Galium mollugo

Das Wiesen-Labkraut hat eine milchgerinnende Wirkung ähnlich dem Enzym Lab, das im Kälbermagen vorkommt. Daher wurde die Pflanze früher zur Herstellung von Käse verwendet. Die Blüten und jungen Blätter eignen sich für Salate und Wildgemüse, in Eiswürfel eingefroren dekorieren die Blüten zum Beispiel Cocktails. Wegen seiner zähen Stängel wird das Wiesen-Labkraut sowohl frisch als auch im Heu vom Vieh abgelehnt. Deshalb wurde es auf Weiden früher häufig bekämpft.

Durch unterirdische Ausläufer bildet das Wiesen-Labkraut dichte Bestände.

In den Achseln der quirlförmig angeordneten Blätter stehen die Blütenstände.

VORKOMMEN fast ganz Europa, überall häufig; Fettwiesen, Gebüsche und Hecken, Wald- und Wegränder, bis über 1800 m Höhe; auf nährstoffreichen Lehmböden

GRÖSSE 30–100 cm hoch; niederliegender bis aufsteigender Wuchs

MERKMALE Blütenstand eine lockere endständige Rispe aus zahlreichen, blattachselständigen, in Trugdolden zusammenstehenden Blüten; Einzelblüte bis 4 mm groß, rein weiß, Kronblätter mit verlängerter Spitze; Blätter lineal-lanzettlich, 2–7 mm breit, mit aufgesetzter Spitze, am Rand leicht umgebogen oder flach, zu 6–9 quirlständig im mittleren Stängelbereich; Stängel relativ dünn, kantig, kahl, Verästelung in den Blattquirlen; Frucht ein schwach runzeliges Nüsschen

BLÜTEZEIT

J	F	M	A	M	J	J	A	S	O	N	D

Typisch

Die nektarreichen Blüten riechen angenehm süß. Sie werden vor allem von Schwebfliegen bestäubt.

Acker-Stiefmütterchen

Viola arvensis

Die heilende Kraft des Acker-Stiefmütterchens ist seit dem Mittelalter bekannt. Der Tee aus dem Kraut wurde gegen Hautkrankheiten, fieberhafte Erkältungen oder zur Blutreinigung eingesetzt. Nach altem Volksglauben konnte das Stiefmütterchen auch für einen Liebeszauber verwendet werden: Träufelte man den Saft der Pflanze auf die Lider eines Schlafenden, verliebte er sich angeblich nach dem Erwachen in das erste Wesen, das ihm vor die Augen kam.

Auch wenn die Zuchtformen der Stiefmütterchen nicht vom Acker-Stiefmütterchen abstammen, ist eine Verwandtschaft unverkennbar.

Gelegentlich sind die oberen beiden Kronblätter blassviolett überhaucht. Meist sind die duftlosen Blüten aber weißlich gefärbt.

Typisch

Im Zentrum des unteren Kronblatts leuchtet ein intensiv gelbes Saftmal mit feiner dunkler Strichelung, die zur Mitte weisen. Dadurch werden die Blütenbesucher zum Zentrum gelenkt.

VORKOMMEN fast ganz Europa, häufig; Äcker, Schuttplätze, Wegränder, Brachflächen, Gärten; auf nährstoffreichen Böden

GRÖSSE 10–20 cm hoch; stark verzweigter Wuchs

MERKMALE Blüte lang gestielt, bis 15 mm groß, weißlich bis cremefarben, die oberen Blütenblätter oft blassviolett überhaucht, unteres Kronblatt mit Sporn; die Kelchblätter überragen die Blütenblätter kaum oder ein wenig; Blätter im unteren Stängelbereich rundlich und gestielt, im oberen länglich und gelappt; Stängel kahl oder schwach behaart; Frucht eine Kapsel mit 3 Klappen, enthält zahlreiche Samen mit Ölkörper, die von Ameisen verbreitet werden

BLÜTEZEIT

J	F	M	A	M	J	J	A	S	O	N	D

Gewöhnlicher Augentrost

Euphrasia rostkoviana

Der Augentrost ist ein Halbschmarotzer. Er betreibt zwar Fotosynthese, muss sich aber wegen seiner verkümmerten Wurzeln Wasser und Nährsalze von anderen Pflanzen holen. Weil er dabei die Wurzeln von Graspflanzen anzapft und dadurch den Heuertrag mindert,

Der wissenschaftliche Gattungsname Euphrasia *bedeutet Freude. Er bezieht sich nicht nur auf die farbenfrohe Optik der Blüten, sondern auch auf die Verwendung der Pflanze gegen Augenbeschwerden.*

heißt er regional auch Weidedieb, Milchdieb oder Hungerblümli. In der Naturheilkunde ist er ein traditionelles Mittel gegen Augenbeschwerden aller Art.

VORKOMMEN Europa bis auf den Norden und Süden, häufig, vor allem in höheren Lagen; magere Wiesen und Weiden, Halbtrockenrasen, Bergwiesen, Wegränder, bis in 2500 m Höhe; auf kalkarmen, nährstoffarmen Böden

GRÖSSE 5–25 cm hoch; aufrechter Wuchs

MERKMALE Blütenstand eine endständige, beblätterte Ähre; Blüten einzeln in den Achseln der oberen Blätter, bis 15 mm lang, zweilippig, Oberlippe helmartig, gelegentlich violett überflogen, darunter stehen die Staubbeutel; Blätter gegenständig, eiförmig, spitz gezähnt; Stängel im oberen Bereich drüsig behaart, verzweigt; Frucht eine längliche zusammengedrückte Kapsel

BLÜTEZEIT

J	F	M	A	M	J	J	A	S	O	N	D

Typisch

Die weiße dreilappige Unterlippe zieren ein gelber Fleck sowie purpurfarbene Striche. Das Saftmal weist den Bestäubern den Weg ins Innere der Blüte. Wo es dem Augentrost zusagt, wächst er meist in größeren Beständen.

Weiße Taubnessel

Lamium album

Sobald ein Insekt auf der Unterlippe der Taubnessel landet, biegt sich diese durch das Gewicht nach unten. Dadurch wird ein Hebelmechanismus ausgelöst, der die Staubbeutel auf den Rücken des Insekts drückt. Die Pollen bleiben hängen und werden zur nächsten Blüte befördert. So sorgen die Insekten für die Bestäubung. Der Nektar sitzt am Ende der relativ langen Kronröhre. Um trotz ihres kurzen Rüssels in den Genuss zu kommen, beißen Bienen die Röhre einfach von hinten an.

VORKOMMEN fast ganz Europa, häufig; Gebüsche, Hecken, Wegränder, Zäune, Mauern, Wiesen, Staudenfluren, Brachflächen, Äcker, Gärten; auf nährstoffreichen, stickstoffhaltigen Böden

GRÖSSE 20–60 cm hoch; aufrechter Wuchs

Strenge Ordnung im Blütenstand: Die Blätter stehen kreuzgegenständig, die Blüten bilden einen Quirl.

MERKMALE Blüten stehen zu mehreren in Quirlen in den oberen Blattachseln, cremefarben bis reinweiß, Krone bis 2,5 cm lang, zweilippig, Oberlippe helmartig gewölbt, Unterlippe mit zweigeteiltem Mittellappen, nach unten gefaltet, Kronröhre aufwärts gebogen, innen ein schräger Haarring; Blätter kreuzgegenständig, gestielt, bis 7 cm lang, eiförmig, grob gezähnt, kurz behaart; Stängel vierkantig, kräftig, gefurcht

BLÜTEZEIT

J	F	M	A	M	J	J	A	S	O	N	D

Typisch

Die Blätter ähneln denen der Brennnessel, haben aber keine Brennhaare – daher der Name »taub«. Streift man mit den Fingern über die Blätter, verströmen sie einen leicht muffigen Geruch.

Gänseblümchen

Bellis perennis

Tausendschön, Maßliebchen, Marienkrönchen oder Ringelröschen sind Namen für das Gänseblümchen. Sie bezeugen die Wertschätzung, die ihm seit jeher entgegengebracht wurde. Der Name »Gänseblümchen« entstand im 16. Jahrhundert. Die weiße Farbe der Blüten und seine Häufigkeit führten wahrscheinlich dazu, dass das Pflänzchen nach den Gänsen benannt wurde. Es profitiert vom häufigen Mähen, weil es dadurch mehr Licht bekommt und sich besser gegen Konkurrenten durchsetzen kann.

VORKOMMEN fast ganz Europa, häufig; Wiesen, Weiden, Wegränder, Parkrasen, Gärten, wenn häufig gemäht wird, bis in 2000 m Höhe; auf nährstoffreichen Böden

GRÖSSE 5–15 cm hoch; aufrechter Wuchs

MERKMALE Blütenstand ein endständiges Körbchen, bis 3 cm im Durchmesser; enthält sowohl randständige weiße, oft an den Rändern oder insgesamt rötliche Zungenblüten sowie innere gelbe Röhrenblüten; Blätter in grundständiger Rosette, spatel- bis verkehrt-eiförmig, stumpf gezähnt, dem Boden anliegend; Stängel anliegend behaart, blattlos

BLÜTEZEIT

J	F	M	A	M	J	J	A	S	O	N	D

Typisch

Die Blütenkörbchen schließen sich bei feuchter Witterung und nachts. Nur bei Sonne sind sie geöffnet, dann drehen sie sich auch nach dem Licht. Die Blüte des Gänseblümchens nennt man eine Scheinblüte, weil die eigentlichen Blüten, die Zungen- und Röhrenblüten, zu einem Blütenstand zusammengefasst sind.

Margerite

Leucanthemum vulgare

»Er liebt mich, er liebt mich nicht, er liebt mich, …« Je nachdem wie das Abzählen der weißen Randblüten ausging, entschied die Margerite über das Wohl und Weh der nächsten Tage. Als Orakelblume sollte

Wiesen mit solch üppigem Margeritenflor kann man erst seit ein paar Jahren wieder häufiger erleben. Da ihre Stängel beim Trocknen zäh werden und die Heuqualität mindern, wurden die Margeriten lange Zeit bewusst verdrängt.

sie aber auch Auskunft über das kommende Wetter und den künftigen Beruf geben können. Auf neu umbrochenen Böden breitet sich die Margerite besonders stark aus und bildet dichte Bestände, dass die ganze Fläche weiß erscheint. Darauf weist ihr weiterer Name Wucherblume hin.

Margeriten kennt fast jeder als Wiesenblume. Aber auch in unsere Gärten und auf unsere Balkone haben sie Einzug gehalten.

VORKOMMEN fast ganz Europa, häufig; Wiesen, Weiden, Halbtrockenrasen, Wegränder, Böschungen, trockene Gebüsche, lichte Trockenwälder, bis über 2000 m Höhe; auf unterschiedlichen Böden

GRÖSSE 30–70 cm hoch; aufrechter Wuchs

MERKMALE Blütenstand ein endständiges Körbchen, bis 6 cm im Durchmesser; enthält randständige weiße Zungenblüten und gelbe Röhrenblüten im Inneren, Hüllblätter dunkel gerandet; Grundblätter spatelig bis verkehrt-eiförmig, lang gestielt, gekerbt, Stängelblätter länglich-lanzettlich, ganzrandig bis gefiedert, die oberen kleiner und sitzend, grob gezähnt; Stängel einfach oder wenig verzweigt, leicht kantig, kahl oder schwach behaart

BLÜTEZEIT

J	F	M	A	M	J	J	A	S	O	N	D

Typisch

Die Blüten haben einen unangenehmen Geruch, sie locken damit vor allem Fliegen zum Bestäuben an.

Schafgarbe (G)

Achillea millefolium

Typisch

Kennzeichen sind die fein zerteilten Blätter. Darauf bezieht sich auch der wissenschaftliche Artname millefolium, *der Tausendblatt heißt. Die sehr widerstandsfähige Schafgarbe verträgt nicht nur Trockenheit, sondern auch reichlich Düngung.*

Die Schafgarbe ist eine der ältesten Heilpflanzen. Wegen ihrer blutstillenden und wundheilenden Wirkung heißt sie auch Wund- oder Soldatenkraut.

Jeder, der schon mal Schafgarben in der Hand hielt, kennt den aromatischen Geruch ihrer Blätter. Dieser Geruch ist der Grund, warum die Schafgarbe Bestandteil vieler Bräuche ist. So wurde sie getrocknet ins Fenster gehängt, um die Pest abzuhalten, oder half als Teil geweihter Kräuterbüschel, Unwetter und bösen Zauber von Haus und Stall fernzuhalten. Der Artname achillea *geht auf die griechische Mythologie zurück: Mit der Schafgarbe soll bereits Achilles die Verletzungen seiner Krieger geheilt haben.*

VORKOMMEN fast ganz Europa, häufig; Wiesen, Weiden, Wegränder, Brachflächen, Steinfluren, Böschungen; auf eher trockenen Lehmböden

GRÖSSE 20–70 cm hoch; aufrechter Wuchs

MERKMALE Blütenstand eine flache, doldenartige Rispe; Körbchenblüten bis 8 mm im Durchmesser, mit weißen, seltener hellrosafarbenen äußeren Zungenblüten und cremefarbenen inneren Röhrenblüten; Blätter schmal-lanzettlich, wechselständig, doppelt bis dreifach fiederteilig, Fiederblättchen feinzipfelig; Stängel kräftig, zäh, schwach behaart

ACHTUNG! Der Saft der Pflanze kann in Verbindung mit Sonnenlicht zu schmerzhaften Hautreizungen führen.

BLÜTEZEIT

J	F	M	A	M	J	J	A	S	O	N	D

Schattenblümchen (G)

Maianthemum bifolium

Trotz seiner anmutigen Schönheit lebt das Schattenblümchen eher im Verborgenen, denn es wächst bevorzugt an lichtärmeren Standorten. So grazil die Blüten wirken, so gefährlich sind die Früchte des Schattenblümchens. Die kleinen, zunächst grün-rot gemaserten, dann roten Beeren sehen zwar appetitlich aus, sollten aber nicht gegessen werden. Sie sind giftig und können zu Übelkeit, Benommenheit und im schlimmsten Fall sogar zu Herzrhythmusstörungen führen.

VORKOMMEN Nord- und Mitteleuropa, nördliches Südeuropa, bei uns relativ häufig; schattige Laub- und Mischwälder, an der Küste auch in Dünen, bis in 1800 m Höhe; auf kalkarmen, leicht sauren, etwas feuchteren Böden

Der bis 5 cm lange Blütenstand des Schattenblümchens ähnelt dem eines Maiglöckchens. Deshalb heißt es mancherorts auch Falsches Maiglöckchen.

An blühenden Pflanzen findet man zwei wechselständige Blätter. Solange sie noch nicht blühen, haben Schattenblümchen nur ein Blatt.

GRÖSSE 5–20 cm hoch; aufrechter Wuchs

MERKMALE Blütenstand eine lockere rispige Traube mit zahlreichen weißen Blüten; Blüte klein, kurz gestielt, 4 Kronblätter; Blätter breit herzförmig (daher stammt der volkstümliche Name Herzkraut), bis 8 cm lang, horizontal ausgebreitet, gestielt, über der Stängelmitte, unterseits leicht behaart; Stängel im oberen Bereich behaart, unverzweigt; Frucht eine rote, erbsengroße Beere

ACHTUNG! Die Pflanze enthält in allen Teilen Gift, vor allem aber in den Beeren.

Typisch

Es trägt seinen Namen zu recht, denn wo es vielen Pflanzen schon zu dunkel ist, blüht das Schattenblümchen noch.

Maiglöckchen sind Kinder des Lichts, sie vertragen keinen Schatten. Ist der Standort zu dunkel, entwickeln sich nur Blätter, aber keine Blüten.

Maiglöckchen (A, G)

Convallaria majalis

Die Maiblume ist schon seit vorchristlicher Zeit ein Symbol für den Frühling und damit Bote des Lichts und der Wärme. Im Volksglauben galt das Maiglöckchen zudem als Schönheitsmittel, man setzte die Pflanze zum Beispiel gegen die Bildung von Sommersprossen ein. Heute werden die angenehm duftenden Blüten häufig in der Parfümindustrie verwendet. Da die Pflanze bei uns überwiegend in Tieflagen in lichten Laubwäldern zu finden ist, wird sie in vielen Sprachen auch als »Lilie im Tal« bezeichnet.

VORKOMMEN fast ganz Europa, in Südeuropa nur im Gebirge, verbreitet; sommerwarme Eichen- und Buchenwälder vor allem der Tieflagen, Gebüsche, bis in 1800 m Höhe, wird häufig in Gärten kultiviert; auf lockeren, humusreichen, kalkhaltigen Böden

GRÖSSE 5–25 cm hoch; aufrechter Wuchs

MERKMALE Blütenstand eine lockere, einseitswendige Traube aus 10–15 Blüten; Einzelblüten weiß, glockenförmig mit nach außen gebogenen Kronzipfeln, nickend, bis zu 5 mm im Durchmesser, intensiv süßlich duftend; meist zwei breit lanzettliche Blätter mit glattem Rand und parallelen Blattnerven, bis 20 cm lang, weiter unten am Stängel nur schuppenförmige Blätter; Stängel unverzweigt, kahl; Früchte leuchtend rote kugelige Beeren

ACHTUNG! Die ganze Pflanze ist tödlich giftig. Da ihre Blätter leicht zu verwechseln sind mit denen des essbaren Bärlauchs, sollte vor dem Verzehr von Bärlauch auf dessen Knoblauchgeruch geachtet werden.

Typisch

Das Maiglöckchen kann sich dank seines kriechenden Wurzelstocks schnell ausbreiten und bildet dann an seinen Standorten dichte Bestände. Das kann in manchem Garten zu Problemen führen.

BLÜTEZEIT

J	F	M	A	M	J	J	A	S	O	N	D

In der christlichen Symbolik steht das Maiglöckchen als Sinnbild für Reinheit und Bescheidenheit.

Doldiger Milchstern (G)

Ornithogalum umbellatum

Die milchweißen Blüten der Pflanze öffnen sich nur bei Sonnenschein und erinnern an kleine Sterne. Als Stern von Bethlehem bzw. Star of Bethlehem ist der Doldige Milchstern ein wichtiger Teil der Bach-Blüten-Medizin. Seine Essenz soll bei Schockzuständen und traumatischen Ereignissen ausgleichend wirken. Ursprünglich stammt die Blume aus dem Mittelmeerraum. Als Zierpflanze eingeführt, kommt sie heute auch wild an trockeneren Standorten wie Weinbergen vor.

Als südliche Art ist der Doldige Milchstern sehr wärmeliebend. Wegen seiner Schönheit wird er gern in Gärten gepflanzt. Kultursorten gibt es heute auch mit gelber Blütenfarbe.

Jedes Blütenblatt trägt auf der Rückseite einen breiten grünen Strich.

Die Staubfäden der sechs Staubblätter sind blumenblattartig verbreitert und bilden eine »Blüte in der Blüte«.

VORKOMMEN Mittel- und Südeuropa, zerstreut; Wegränder, Weinberge, Böschungen, Gebüsche, trockene Wiesen; auf nährstoffreichen, lockeren Lehmböden

GRÖSSE 10–30 cm hoch; aufrechter Wuchs

MERKMALE Blütenstand eine doldige Traube mit bis zu 20 Einzelblüten; Blüten weiß, bis 3 cm im Durchmesser; Blätter grundständig, linealisch, bis 3 mm breit, rinnig, mit hellem Mittelstreif; Stängel rund, entspringt aus einer kugeligen Zwiebel, diese ist von Brutzwiebeln umgeben; Fruchtkapsel keulenförmig, Samen mit ölreichen Anhängseln, die Ameisen anlocken, diese sorgen für die Verbreitung der Samen

ACHTUNG! Die ganze Pflanze ist schwach giftig.

BLÜTEZEIT

J	F	M	A	M	J	J	A	S	O	N	D

Typisch

Bei schönem Wetter sind die Blüten weit geöffnet, bei schlechtem schließen sie sich. Der Doldige Milchstern ist relativ selten, doch an seinen Standorten kommt er in größeren Beständen vor.

Vielblütige Weißwurz (G)

Polygonatum multiflorum

Um die Weißwurz ranken sich viele Geschichten: Im Volksglauben hielt man den Wurzelstock für eine sagenhafte Springwurz, mit dem man Felsen sprengen und verschlossene Türen wie durch Zauberhand öffnen könne. Zudem glaubte man, dass es mit seiner Hilfe möglich wäre, verborgene Schätze zu finden und zu heben. Doch auch für ganz alltägliche Dinge wurde sie eingesetzt: Frauen nutzten die Pflanze zum Beispiel als Schminke. Sie röteten mit einem Brei aus der Wurzel die Wangen.

VORKOMMEN fast ganz Europa, im Norden bis Südskandinavien,

Typischer Blütenstand: Am überhängenden Stängel hängen die Blüten in kleinen Büscheln alle nach der gleichen Seite. Die Blätter stehen zweizeilig-wechselständig.

Die ab Juli reifenden Beeren sind anfangs grün, reif dunkelblau und bis 10 mm groß. Achtung, sie sind giftig.

weit verbreitet; schattige Bereiche von Buchen-, Eichen-, Nadelmischwäldern, Hochstaudenfluren; auf nährstoffreichen, kalkhaltigen Böden

GRÖSSE 30–70 cm hoch; aufrechter Wuchs, im Blütenbereich gebogen

MERKMALE Blüten mit cremefarbener Blütenröhre und grünlichen Spitzen, bis 1,5 cm lang, stehen zu 3–5 in traubenartigen Büscheln an kurzen Stielchen in den Blattachseln, Staubfäden flaumig behaart; Blätter länglich-oval, spitz, bis 15 cm lang, parallelnervig, unterseits bläulich grün; Stängel rund; Frucht eine Beere

ACHTUNG! Die Pflanze ist giftig, vor allem die Beeren.

BLÜTEZEIT

J	F	M	A	M	J	J	A	S	O	N	D

Typisch

Am Wurzelstock hinterlassen die abgestorbenen Triebe Narben, die an Siegelringe erinnern. Alle Weißwurz-Arten heißen deshalb auch Salomonssiegel.

Blaue Blütenfarbe

Blauer Eisenhut (A, G)

Aconitum napellus

Der Blaue Eisenhut wurde bereits im Altertum als Pfeilgift und Gifttrank eingesetzt. 1523 soll damit auch Papst Hadrian VI. ermordet worden sein. Namen wie Wolfskraut, Wolfswurz oder Fuchswurz bezeugen, dass mit der Pflanze früher die unliebsamen Nahrungskonkurrenten vergiftet wurden. Auf die helmartige Blütenform spielt der Name Sturmhut an. Aconitum ist ein wichtiges homöopathisches Mittel gegen Fieber.

VORKOMMEN Gebirge Europas, auch Mittelgebirge, bis in 2500 m Höhe; feuchte Bergwälder, Bachufer, Hochstaudenfluren, Weiden und Almen; auf nährstoffreichen Böden

GRÖSSE 70–180 cm hoch; aufrechter Wuchs

MERKMALE Blütenstand eine dicht gedrängte endständige Traube; Blüten dunkelblau, das obere Blütenblatt ist helmförmig aufgewölbt, zwei weisen nach unten, zwei seitlich nach oben; Blätter glänzend grün, lang gestielt, tief handförmig zerteilt, jedes der 5–7 Fiederblätter ist noch einmal gefiedert

ACHTUNG! Die Pflanze enthält in allen Teilen, vor allem in den Blättern und der Wurzel, eines der stärksten pflanzlichen Gifte Europas. Bitte die Pflanze nicht berühren, das Gift kann selbst durch unverletzte Haut dringen.

BLÜTEZEIT

J	F	M	A	M	J	J	A	S	O	N	D

Wegen seines dekorativen Blütenstands wird der Blaue Eisenhut trotz seines Giftes gern in Gärten angepflanzt.

Typisch

Die Kelchblätter bilden einen blauen Schauapparat und täuschen eine blaue Blüte vor. Die eigentlichen Blütenblätter im Inneren des Helms sind zu Honigblättern umgewandelt. Die Bestäubung übernehmen vor allem längerrüsselige Hummeln.

Leberblümchen (A, G)

Hepatica nobilis

Dieser Frühjahrsblüher ist benannt nach der dreilappigen Form der Blätter, die an eine Leber erinnern. Auch der wissenschaftliche Gattungsname Hepatica *bedeutet Leber. Wegen der Ähnlichkeit mit diesem Organ wurde es in der Volksheilkunde unter anderem bei Leberleiden eingesetzt. Auch als Märzblümchen wird das Leberblümchen oft bezeichnet, weil es bereits früh im Jahr blüht.*

Wenn im Frühjahr die Natur erwacht, sind die violetten Blüten der Leberblümchen willkommene Farbtupfen am Waldboden.

Die Blütensterne des Leberblümchens können bis 4 cm im Durchmesser erreichen. Die Blütenblätter können blau oder violett, manchmal auch rosa oder weiß gefärbt sein.

VORKOMMEN Mitteleuropa, nach Westen seltener; Laubwälder, Gebüsche; meist auf feuchten, kalkhaltigen Böden

GRÖSSE 10–20 cm hoch; aufrechter Wuchs

MERKMALE Blüte einzeln, endständig an jedem Blütenstiel; Blüten mit blauen bis blauvioletten, selten auch rosafarbenen oder weißlichen Kronblättern und zahlreichen Staubblättern auf 3 kelchblattähnlichen Hochblättern; Blätter ledrig, dreilappig, grundständig, lang gestielt, oberseits glänzend grün, unterseits bräunlich violett; Stängel dünn, fein behaart, zu mehreren; Fruchtstand kugelförmig, vielsamig, in den 3 Hochblättern, Samen werden von Ameisen verbreitet

ACHTUNG! Die Pflanze ist schwach giftig, sie kann die Haut reizen.

Typisch

Die Blätter erscheinen erst gegen Ende der Blütezeit und sind dann das ganze Jahr über zu sehen, auch im Winter. Bei Regen und abends nicken die Blüten und schließen sich dann.

BLÜTEZEIT

J	F	M	A	M	J	J	A	S	O	N	D

Gewöhnliche Lupine (G)

Lupinus polyphyllus

Typisch

Die Lupine ist durch die charakteristischen, bis zu 50 cm langen kerzenähnlichen Blütenstände unverkennbar.

Die Gewöhnliche oder Vielblättrige Lupine ist ein ursprünglich aus Nordamerika stammender Neophyt (siehe Seite 24), der sich hierzulande mittlerweile weit verbreitet hat. Wild wachsende Lupinen sind vor allem in den Samen stark giftig. Besonders bei Nutztieren wie Kühen, Ziegen und Pferden kommt es immer wieder zu Vergiftungen. Wildformen, die durch Züchtung ihre giftigen Inhaltsstoffe verloren haben, heißen Süßlupinen. Sie werden gern als Zierpflanzen angebaut oder als Wild- und Viehfutter verwendet.

Die auffälligen Blütenstände locken mit ihrem Pollenreichtum viele Insekten an, doch nur schwere Insekten wie Hummeln gelangen ins Blüteninnere.

VORKOMMEN heute in weiten Teilen Europas eingebürgert, auch in Gärten; Wald-, Weg- und Straßenränder, Böschungen, Waldlichtungen; auf feuchten, eher kalkarmen Böden

GRÖSSE 1–1,5 m hoch; aufrechter Wuchs

MERKMALE Blütenstand eine dichte endständige Traube; Blüten bis 1,5 cm lang, meist blau, Gartenformen auch rosa oder weißlich; Blätter lang gestielt, handförmig gefingert mit 10–15, ca. 15 cm langen Fiederblättchen; Stängel kräftig; Frucht eine grau behaarte Hülse, die bei der Reife aufreißt und die Samen weit wegschleudert

ACHTUNG! Die Samen enthalten giftige Bitterstoffe.

BLÜTEZEIT

J	F	M	A	M	J	J	A	S	O	N	D

Vogelwicke

Vicia cracca

Wegen ihrer reißfesten, unverwüstlich erscheinenden Ranken heißt die Vogelwicke regional auch Teufelsnähgarn. Sie gilt als gutes Futterkraut, konnte aber nie in Kultur genommen werden. Da ihre Samen nur wildlebenden Tieren, vor allem Vögeln, zugute kamen, nannte man sie Vogelwicke. Ihre tiefreichenden Wurzeln machen sie zu einem lästigen Unkraut in Feldern und Äckern.

VORKOMMEN fast ganz Europa, weit verbreitet; Wald-, Weg-, Feldränder, Getreideäcker, Gebüsche, Hecken, Zäune, bis in 1200 m Höhe; auf tiefgründigen, nährstoffreichen, nicht zu trockenen Lehmböden

Die langgestielten Blütenstände können bis 10 cm lang werden.

Bis zu 30 Einzelblüten vereinigen sich in einer Traube zu einem auffälligen Blütenstand. Ihr Honig- und Pollenreichtum locken viele Bienen und Schmetterlinge an.

GRÖSSE bis 1,5 m hoch; kletternder Wuchs

MERKMALE Blütenstand eine langgestielte Traube in den oberen Blattachseln, mit bis zu 30 Einzelblüten, die einseitswendig (= alle nach einer Seite) ausgerichtet sind; Blütenkrone einheitlich blauviolett, bis 1,2 cm lang; Stängel niederliegend bis aufsteigend, an anderen Pflanzen rankend, dünn, kantig, kahl oder weich behaart; Blätter kahl oder anliegend behaart, mit 8–10 Paar Fiedern mit endständiger verzweigter Ranke, Fiederblättchen lanzettlich, bis 6 mm breit und 3 cm lang; Frucht eine bis 2,5 cm lange, bis 6 mm breite braune Hülse mit bis 3 mm großen Samen

BLÜTEZEIT

J	F	M	A	M	J	J	A	S	O	N	D

Typisch

Diese Kletterpflanze rankt sich mit bis zu 1 m langen Stängeln durch kreisende Suchbewegungen der Ranken in Sträuchern oder an Zäunen hoch.

Zaunwicke

Vicia sepium

Typisch

Das Fiederblatt am Ende ist zu einer Blattranke umgebildet, damit klettert die Pflanze in anderen Pflanzen oder an Stützen nach oben. Die untersten Fiederblätter tragen keine Ranken.

BLÜTEZEIT

J	F	M	A	M	J	J	A	S	O	N	D

Auf der Zaunwicke fällt ein reger Ameisenverkehr auf. Diese werden von dunklen Grübchen auf der Unterseite der Nebenblätter (sogenannten Nektarien) angelockt, die süßen Nektar absondern. Aus diesem Grund heißt die Pflanze lokal auch Ameisenleiter. In ihren Wurzeln enthält sie Bakterien, die den Luftstickstoff binden können und so dem Boden zuführen. Zaunwicken sind ein eiweißreiches Futter für das Vieh.

VORKOMMEN fast ganz Europa, häufig; Gebüsche, Hecken, Waldränder, Laubmischwälder, auch Wiesen, Wegraine, Brachflächen, bis in 2000 m Höhe; auf lehmigen, etwas stickstoffhaltigen Böden

GRÖSSE 30–60 cm hoch; rankender Wuchs

MERKMALE Blüten zu 2–5 in kurzgestielter, blattachselständiger Traube; Krone bis 15 mm lang, schmutzig violett, Staubblätter röhrig verwachsen, Kelchblätter zu einer Röhre verwachsen, Kelchzähne ungleich lang; Blätter mit 4–8 eiförmigen Fiederblattpaaren, an der Spitze eine geteilte Ranke, Blättchen am Rand und unterseits behaart; Stängel niederliegend bis aufsteigend, weichhaarig; Frucht eine bis 3,5 cm lange Hülse mit bis zu 6 Samen, anfangs kurz behaart, dann kahl

Die reifen Hülsenfrüchte sind glänzend schwarz und bis 3,5 cm lang, sie enthalten in der Regel drei bis sechs Samen.

Wilde Karde

Dipsacus fullonum

Trotz ihres stacheligen Äußeren ist die Wilde Karde bei Vögeln und Säugetieren sehr beliebt: Nach jedem Regen sammelt sich in den tütenförmig verwachsenen Stängelblättern Wasser. Bereits im Mittelalter nutzte man in der Volksheilkunde die Wurzel gegen Gelbsucht und Leberbeschwerden, aber auch zur äußerlichen Anwendung bei kleinen Wunden, Warzen, Nagelbettentzündungen und Ähnlichem.

Die Stängelblätter tragen auf der Mittelrippe unterseits Stacheln.

Die Blüten stehen in Ringen auf den Kolben.

Typisch

Die Blüten öffnen sich in einem Ring in der Mitte des Kolbens. Von dort aus erblühen die nächsten Blüten ringweise darüber und darunter, sodass die Blütenkolben später zwei Blütenringe aufweisen.

Getrocknete Blütenstände eignen sich gut für herbstliche Gestecke und Blumensträuße.

VORKOMMEN Mittel- und Südeuropa, ziemlich häufig, im Norden seltener; Wegränder, Böschungen, Hecken, Waldränder, Schutt- und Brachflächen, auch an Ufern; auf kalkhaltigen, stickstoffreichen, etwas feuchten Böden

GRÖSSE 90–200 cm hoch; aufrechter Wuchs

MERKMALE Blütenstand ein bis 8 cm langer, eiförmiger Kolben mit borstigen Hüllblättern und langen, stechenden, aufwärts gebogenen Spreublättern, die den Blütenstand überragen; Einzelblüte mit 4-zipfeliger Kronröhre, bläulich oder rötlich lila, 1 cm lang; Grundblätter in einer Rosette, bis 40 cm lang, kurz gestielt, gezähnt, Stängelblätter ungeteilt, länglich eiförmig, sitzend, gegenständig, am Grund paarweise verwachsen; Stängel kantig, mit vielen Stacheln

BLÜTEZEIT

J	F	M	A	M	J	J	A	S	O	N	D

Taubenskabiose

Scabiosa columbaria

Der wissenschaftliche Gattungsname Scabiosa *leitet sich von dem lateinischen Wort »scabies« ab, das Krätze, Grind bedeutet. Die Taubenskabiose wird deshalb bei uns auch Tauben-Grindkraut genannt. Früher wurde sie als Heilmittel gegen Krätze, einer juckenden Hautinfektion nach Befall mit der Krätzmilbe Scabies, verwendet.*

Die Randblüten in den halbkugeligen Köpfchen sind vergrößert.

VORKOMMEN Süd- und Mitteleuropa, verbreitet; trockene Wiesen, Trocken- und Halbtrockenrasen, Gebüsche, lichte Kiefernwälder, bis in 1800 m Höhe; liebt kalkhaltige, lehmige Böden

GRÖSSE 20–60 cm hoch; aufrechter Wuchs

MERKMALE Blütenstand ein halbkugeliges, endständiges Köpfchen, bis 3 cm im Durchmesser; Einzelblüten lilablau bis violett, 5-zipfelig, Kelch mit 5 dunklen Borsten; Grundblätter gestielt, einfach, verkehrt eiförmig, Stängelblätter gegenständig, ein- oder zweifach fiederspaltig mit linealischen Fiederblättchen, kraus behaart, Fiederabschnitte bis 3 mm breit; Stängel dünn, verzweigt, anliegend behaart; die Früchte sind von einem Kelch umschlossen, der Borsten trägt, sie werden von Tieren, aber auch durch den Wind verbreitet

Die Früchte bleiben durch Borsten im Fell von Tieren hängen und werden dadurch verbreitet.

Typisch

Die Blüten entwickeln sich über einem sternförmigen Kreis von Hüllblättern. Die zahlreichen Staubblätter überragen die Blüten weit.

Acker-Witwenblume

Knautia arvensis

Die Acker-Witwenblume ist ein wichtiger Nahrungslieferant für Schmetterlinge und Bienen. Dem in diesen Gegenden gewonnenen Honig verleiht sie ein charakteristisches Aroma. Ihre Samen enthalten ein eiweißreiches Anhängsel, das von Ameisen gefressen wird. Dadurch tragen sie zu deren Verbreitung bei. Früher eine wichtige Heilpflanze bei Hautbeschwerden, wird die Acker-Witwenblume heute in der Naturheilkunde nicht mehr eingesetzt. Als homöopathisches Mittel soll sie angeblich die Lust am Reden fördern.

VORKOMMEN fast ganz Europa, häufig; Wiesen, Halbtrockenrasen, Trockenhänge, Wegränder, Brachflächen, extensiv genutzte Äcker, Gebüsche; auf lockeren, basischen, nicht zu nährstoffreichen Böden

GRÖSSE 25–90 cm hoch; aufrechter Wuchs

MERKMALE Blütenstand ein halbkugeliges, endständiges Köpfchen auf langem Stiel, bis 4 cm im Durchmesser; Einzelblüten vierzipfelig mit ungleichen Kronlappen, hell blauviolett, Kelch mit gefiederten Borsten; Grundblätter in einer Rosette, gestielt, länglich, ungeteilt, Stängelblätter graugrün, gegenständig, tief fiederteilig mit schmalen Fiedern; Stängel gerade, im oberen Bereich auch verzweigt und abstehend behaart

Auf einer flachen Schale aus Hüllblättern stehen bis zu 100 kleine, trichterförmige Einzelblüten.

Die leuchtenden Blütenköpfchen locken viele Bienen, Hummeln und Tagfalter an.

Typisch

Die Randblüten sind vergrößert, die Staubblätter überragen die Kronblätter. Dadurch wirkt der Blütenstand wie eine Einzelblüte. Die Pflanze kommt meist in größeren Beständen vor.

BLÜTEZEIT

J	F	M	A	M	J	J	A	S	O	N	D

Typisch

Die Stängel kriechen am Boden und bilden an den Knoten Wurzeln. An diesen Stellen wachsen wieder neue Pflanzen, die sich ebenso ausbreiten. Mit der Zeit überzieht das Immergrün eine große Fläche.

BLÜTEZEIT

J	F	M	A	M	J	J	A	S	O	N	D

Kleines Immergrün (G)

Vinca minor

Früher wurde das Kleine Immergrün zu Heilzwecken eingesetzt, wegen seiner giftigen Inhaltsstoffe ist dies heute nicht mehr üblich. Die daraus gewonnenen Wirkstoffe gelten aber als gutes Durchblutungsmittel. Im Volksglauben waren zahlreiche Bräuche mit dem Immergrün verbunden. So sollten an Palmsonntag gepflückte Pflanzen unter dem Kopfkissen Kinder vor Krämpfen schützen. Die blauen Blüten symbolisierten immerwährende Treue.

VORKOMMEN Mittel-, West- und Südeuropa, zerstreut; unterwuchsreiche Laubwälder, vor allem Buchenmischwälder, Hartholzaue, Gebüsche, Hecken, Mauern, bis in 1000 m Höhe; auf nährstoffreichen, kalkhaltigen, feuchten Böden

GRÖSSE 15–30 cm hoch; kriechender Wuchs

MERKMALE Blüte einzeln endständig an kurzen Stängeln in Blattachseln; Blüten mit 5 blauen Kronblättern, die zu einer Röhre verwachsen sind, bis 3 cm im Durchmesser, breiten sich nur im oberen Bereich tellerartig aus, weißer Ring am Eingang zur Röhre; Blätter ganzrandig, gegenständig, ledrig, dunkelgrün, schmal oval bis eiförmig mit kurzem Stiel; zur Blütezeit Stängel aufsteigend; Frucht ein mehrsamiges Balgfrüchtchen, Samen werden von Ameisen verbreitet

ACHTUNG! Die Pflanze enthält in allen Teilen Gift.

In der Knospe sind die Kronblätter gedreht. Nach dem Erblühen ähneln die hell- bis violettblauen Blüten durch die etwas nach links gedrehten Spitzen der Kronblätter winzigen Windrädern.

Blauer Natternkopf (G)

Echium vulgare

Der Name Natternkopf bezieht sich einerseits auf die Form der Blüte, deren zweizipfelige Griffel die Kronblätter wie eine Schlangenzunge überragen sollen, andererseits auf die frühere Verwendung der Pflanze bei Schlangenbissen. Heute spielt der Blaue Natternkopf als Heilpflanze kaum eine Rolle. Aufgrund seiner engen Verwandtschaft zu Borretsch, Beinwell und Lungenkraut teilt er deren Inhaltsstoffe, zum Beispiel Allantoin. Deshalb hilft ein Breiumschlag aus der Wurzel gegen Hautentzündungen. Von einer innerlichen Anwendung ist abzuraten.

Der Natternkopf ist mit über 2 m langen Wurzeln im Boden fest verankert. Er gilt als Pionierpflanze, das heißt als Erstbesiedler auf vegetationsfreien Flächen.

Die gewickelten Blütenstände entrollen sich beim Aufblühen. Das wunderschöne intensive Blau zeigen die Blüten erst gegen Ende ihrer Blütezeit.

VORKOMMEN fast ganz Europa, häufig; sonnige Unkrautfluren, Wegränder, Bahndämme, Kiesgruben, Steinbrüche, Schuttplätze, Trockenrasen; auf trockenen, steinigen Böden

GRÖSSE 30–100 cm hoch; aufrechter Wuchs

MERKMALE Blütenstand locker, walzenförmig, mit blattachselständigen Wickeln; Einzelblüten mit unregelmäßiger Krone, blau, zweilippig, bis 20 mm lang, Krone überragt den Kelch um das Doppelte bis Dreifache, behaart, schiefe Kronmündung, Staubblätter ungleich lang, länger als die Krone, Griffel zweizipfelig; Blätter länglich-lanzettlich, die grundständigen gestielt, bis 35 cm lang, die oberen Blätter sind kleiner, sitzend

ACHTUNG! Die ganze Pflanze ist giftig.

BLÜTEZEIT

J	F	M	A	M	J	J	A	S	O	N	D

Typisch

Die ganze Pflanze ist zum Schutz gegen Fressfeinde steifborstig behaart. Jedes Haar sitzt auf einem weißlichen oder bräunlichen Knöpfchen. Diese Struktur ist für die Familie der Raublattgewächse namensgebend.

Sumpf-Vergissmeinnicht

Myosotis palustris

Vom allgemein bekannten Acker-Vergissmeinnicht unterscheidet sich das Sumpf-Vergissmeinnicht vor allem durch seine größeren Blüten. Über Monate hinweg bildet es immer neue strahlend blaue Blütentellerchen, deshalb wird es auch gern in der Sumpfzone oder im Uferbereich von Gartenteichen angepflanzt. Es breitet sich über unterirdische Ausläufer aus und bildet, wenn es keine Konkurrenz hat, himmelblaue Teppiche. Durch Entwässerung seiner feuchten Heimat wird es in der Natur immer seltener.

VORKOMMEN fast ganz Europa, häufig; nasse Wiesen, Bachufer, Gräben, Röhricht, nasse Wälder, auch Auwälder, bis in 1800 m Höhe; auf nassen nährstoffreichen Lehmböden

GRÖSSE 20–70 cm hoch; aufrechter Wuchs

MERKMALE Blütenstand endständig, traubenähnlich, blattlos, bis zu 20 Einzelblüten; Blüte aus 5 blauen Blütenblättern, bis 10 mm im Durchmesser, flach ausgebreitet, an der Basis zu einer kurzen Röhre verwachsen, an deren Eingang gelbe Schlundschuppen einen Kranz bilden; Blätter sitzend, länglich-lanzettlich, behaart, bis 10 cm lang, wechselständig; Stängel kantig, behaart, dicht beblättert; Früchte sind schwimmfähig und können sich so über weite Strecken ausbreiten und neue Lebensräume erobern

Das auffällige gelbe Saftmal in der Mitte der Blüte lockt Insekten an und weist ihnen den Weg zum Nektar.

Typisch

Das Sumpf-Vergissmeinnicht unterscheidet sich von den anderen, ähnlich aussehenden Vergissmeinnicht-Arten durch anliegend behaarte Kelchblätter. Die Knospen sind anfangs rosa, die Blüten später dann hellblau. Der Farbwechsel in der Blüte wird verursacht durch einen Wechsel des Säuregrads im Zellsaft.

BLÜTEZEIT

J	F	M	A	M	J	J	A	S	O	N	D

Bittersüßer Nachtschatten (G)

Solanum dulcamara

Typisch

Die Form der Blüte ähnelt einer Tomatenblüte, ist aber violett. Beide Pflanzen gehören zur gleichen Familie der Nachtschattengewächse.

BLÜTEZEIT

J	F	M	A	M	J	J	A	S	O	N	D

Die appetitlichen Beeren verlocken vor allem Kinder zum Naschen, aber Vorsicht, sie sind sehr giftig.

Das »Bittersüß« im Namen verweist auf den Geschmack der Rinde und Wurzeln. Sie schmecken erst bitter und werden nach längerem Kauen süß. Aber bitte nicht ausprobieren, die Pflanze ist giftig! In der Volksmedizin wurde sie gegen Gicht und Rheuma sowie bei Lungenleiden eingesetzt. Wegen der leicht halluzinogenen Wirkung war der Bittersüße Nachtschatten im Mittelalter Bestandteil von Hexensalben. Außerdem galt er als Abtreibungsmittel. Auch sollte er vor bösen nächtlichen Geistern, den Alps, schützen. Daher heißt er regional Alpranke, Alpkraut oder Alpschoss.

VORKOMMEN fast ganz Europa, ziemlich häufig; feuchte Wälder, Hecken, Gebüsche, Kahlschläge, Ufer, nasse Schuttstellen, Dünen, bis in 1200 m Höhe; auf nährstoffreichen, gut feuchten Böden

GRÖSSE 30–200 cm hoch; niederliegender bis aufrechter Wuchs, oft im Bewuchs kletternd

MERKMALE Blütenstand eine lang gestielte Doldentraube, die einzelnen Dolden stehen je einem Blatt gegenüber; Blüten mit blauvioletten, nach hinten gebogenen Kronblättern und zu einer gelben Röhre verschmolzenen Staubfäden; Blätter kahl, breit-lanzettlich, am Grund oft eingeschnitten gelappt, gestielt, wechselständig; Stängel im unteren Bereich verholzt, weiter oben biegsam, verzweigt; Frucht eine eikugelige, glänzend rote Beere

ACHTUNG! Die Pflanze enthält in allen Teilen Gift, vor allem in den Beeren.

Insekten finden den Eingang zum Blüteninneren durch das helle Strichmuster im dunklen Blütenzentrum. Die Blüten sind geruchlos.

Wald-Veilchen

Viola reichenbachiana

Aufgrund seines Standorts auf mit Laub übersäten Waldböden wird das Wald-Veilchen bei Spaziergängen oft übersehen. Dabei steht das zarte Pflänzchen trotz fehlenden Duftes, seinen Veilchen-Verwandten an Schönheit in nichts nach. Die violetten Blüten erinnern mit der

Anordnung ihrer Blütenblätter an kleine Orchideenblüten. In der Volksmedizin wurde der Tee aus dem Kraut oder dem Blütensirup bei fiebrigen Erkältungen, Husten und Keuchhusten angewendet.

VORKOMMEN Mittel- und Südeuropa, im Norden bis Südschweden, bei uns verbreitet, lokal selten oder fehlend; Laub-, Misch- und Nadelwälder, bis zur Waldgrenze; auf humushaltigen, lockeren Böden

GRÖSSE 5–20 cm hoch; aufrechter Wuchs

MERKMALE Blüte endständig in den Achseln der Stängelblätter, bis 1,5 cm groß, rötlich violett, die Kronblätter überdecken sich nicht, Kelchblätter spitz mit kurzen Anhängseln; Blätter sowohl grundständig in einer Rosette als auch an den Stängeln, herzförmig bis länglich oval an kurzen Stielen, oberseits zerstreut behaart, unterseits häufig violett, meist über 2 cm lang, gekerbt; Stängel kahl; Ameisen fressen gern die protein- und fettreichen Fraßkörper an den Samen und verbreiten sie so

Das untere Blütenblatt ist in einen Sporn ausgezogen. Dieser ist dunkelviolett, 5 bis 6 mm lang, schlank und gerade. Das Waldveilchen kreuzt sich leicht mit anderen Veilchenarten. Ein heller Sporn kann ein Hinweis darauf sein.

Typisch

Auf dem unteren Kronblatt befindet sich ein Staubblattanhängsel, das Nektar in den Sporn absondert und bestäubende Insekten anlockt.

Wiesen-Glockenblume

Campanula patula

Der wissenschaftliche Gattungsname Campanula *leitet sich von dem lateinischen Wort »campana« ab und bedeutet Glöckchen. Allerdings hängen die Blüten dieser Art bei schönem Wetter nicht wie Glocken nach unten, sondern stehen schräg aufwärts, stets der Sonne zugewandt. Nur nachts und bei Regen nicken sie, damit kein Wasser zum Pollen dringen kann. Der lateinische Artname* patula *heißt »offen« und bezieht sich auf den weiten Trichter.*

Die Wiesen-Glockenblume ist eine Lichtpflanze. Die Blüten drehen sich nach der Sonne. An schattigen Standorten entwickeln sich keine Blüten.

Typisch

Eine Selbstbestäubung wird verhindert, indem Pollen und Samenanlage nacheinander reif werden.

In manchen Gegenden heißt die Glockenblume auch Sternblume, weil ihre Kronblätter bis zur Hälfte gespalten und wie ein Stern weit ausgebreitet sind.

VORKOMMEN fast ganz Europa, in Deutschland in der Norddeutschen Tiefebene seltener; Mähwiesen, Wegränder, Gebüsche, Lichtungen im Wald; auf feuchteren, nährstoffreicheren Böden

GRÖSSE 30–70 cm hoch; aufrechter Wuchs

MERKMALE Blütenstand eine lockere Schirmrispe mit bis zu 10 Blüten; jede Blüte bis 2,5 cm lang, helllila bis blauviolett, dunkel geädert, mit 5 Kronblättern, die zu einem weiten Trichter verwachsen sind, Endzipfel der Kronblätter weit nach außen gebogen, Kelchzipfel spitz, kürzer als die Kronröhre; Grundblätter rundlich-spatelförmig, in den kurzen Stiel verschmälert, Stängelblätter schmal lanzettlich, mehr als dreimal so lang wie breit, kurz gestielt, wechselständig; Stängel im oberen Bereich verzweigt; Frucht eine Kapsel, die im reifen Zustand in der Mitte oder oben aufspringt

BLÜTEZEIT

J	F	M	A	M	J	J	A	S	O	N	D

Schwarze Teufelskralle

Phyteuma nigrum

Das krallenartige Aussehen der Blütenknospen stand Pate für den deutschen Namen Teufelskralle. Trotz der Namensähnlichkeit ist sie nicht mit der Afrikanischen Teufelskralle (Harpagophytum procumberis), *einer medizinisch hochwirksamen Pflanze, verwandt. Im Mittelalter galt die Schwarze Teufelskralle lange als Mittel gegen die Pest, blieb jedoch weitgehend wirkungslos. Schnell vermutete man dahinter Teufelswerk, und die Pflanze erhielt ihren bis heute benutzten Beinamen. Obwohl die Art ein relativ kleines Verbreitungsgebiet hat, ist sie nicht gefährdet, sollte aber dennoch nicht gepflückt werden.*

VORKOMMEN nur Mitteleuropa in Bereichen mit Silikatboden ab 600 m Höhe; bodensaure Wiesen, Wegränder, Laub- und Mischwälder mit Hainbuchen, Bergwiesen bis in 1300 m Höhe; meist auf mäßig nährstoffreichen, kalkarmen Böden

GRÖSSE 20–70 cm hoch; aufrechter Wuchs

MERKMALE Blütenstand eine endständige ovale bis zylindrische Ähre, bis 3 cm im Durchmesser, vielblütig, von 1–2 Hüllblättern umgeben; Einzelblüten sitzen dicht, Krone mit schmaler Röhre, fünfzählig, schwarzviolett, Hüllblätter linealisch-lanzettlich, kürzer als der Blütenkopf; Grundblätter doppelt so lang wie breit, herzförmig, lang gestielt, gekerbt, Stängelblätter wechselständig, lanzettlich, am Grund keilförmig verschmälert; Stängel unverzweigt, im oberen Drittel keine Blätter, nur Hochblätter; Frucht eine Kapsel

Typisch

An der Teufelskralle fallen nicht die unscheinbaren Einzelblütchen auf, sondern der gesamte Blütenstand. Er hat Schauwirkung, dadurch werden die Insekten verstärkt angelockt.

J	F	M	A	M	J	J	A	S	O	N	D

Der Blütenstand ist vor der Blütezeit grünlich, er verfärbt sich von unten nach oben schwarzviolett. Oft bleibt oben noch eine grünliche Spitze.

Gamander-Ehrenpreis

Veronica chamaedrys

Im Mittelalter war der Gamander-Ehrenpreis ein wichtiges Lungen- und Brustmittel, das häufig bei Schwindsucht sowie bei Beschwerden an Leber, Nieren oder Blase eingesetzt wurde. Auch heute noch wird er äußerlich als Wundkraut verwendet. Im Volksmund hat er eine Beziehung zum Gewitter. Entweder kündigt er schwere Gewitter an, wenn er zahlreich blüht. Oder es wird ein Unwetter mit Blitz und Donner aufziehen, sobald man ihn pflückt. Dies drückt sich auch in Namen wie Donner- oder Gewitterblume aus.

Der Gamander-Ehrenpreis bildet oft dichte Rasen. Zum Blühen braucht die Art immer genügend Sonnenschein.

Alle Ehrenpreis-Arten heißen im Volksmund auch Männertreu – eine ironische Anspielung, weil die Blüten schnell abfallen.

VORKOMMEN fast ganz Europa, häufig; Gebüsche, Hecken, lichte Mischwälder, Wiesen aller Art, Weiden, Wegränder vom Tiefland bis ins Gebirge in 2000 m Höhe; auf lockeren, nährstoffreichen Böden

GRÖSSE 15–35 cm hoch; liegender oder aufrechter Wuchs

MERKMALE Blütenstand eine lockere Traube aus 10–30 Einzelblütchen in den oberen Blattachseln, pro Pflanze meist 2 Trauben; Blüte mit 4-zähliger, himmelblauer Krone, bis 1 cm im Durchmesser, dunkelblau geadert, unteres Kronblatt schmaler, helle Mitte, nur 2 Staubbeutel; Blätter behaart, rundlich bis oval, gegenständig, die unteren kurz gestielt, die oberen sitzend, gekerbter Rand; Frucht eine Kapsel

BLÜTEZEIT

J	F	M	A	M	J	J	A	S	O	N	D

Typisch

Kennzeichen des Gamander-Ehrenpreises ist der kantige, 2-zeilig behaarte Stängel.

Kornblume

Centaurea cyanus

Ihren Namen bekam die Kornblume, weil sie früher fast in jedem Kornfeld vorkam. Noch vor 30 bis 40 Jahren galt sie als Ackerunkraut. Durch Saatgutbereinigung war sie lokal fast verschwunden. Schutzmaßnahmen haben dazu geführt, dass man wieder das namengebende leuchtende Kornblumenblau in der Landschaft sieht. Auf diese schöne Farbe bezieht sich nämlich der wissenschaftliche Artname cyanus, *von griechisch »kyanos« für blau.*

VORKOMMEN fast ganz Europa, überall verbreitet, aber selten geworden; Getreidefelder, Ödflächen, Schutt- und Brachflächen, Wegränder, wird oft in Gärten angepflanzt; meist auf lockeren, nährstoffreichen Böden

Typisch

Die Blüten bestehen aus einem äußeren Kranz blauer Zungenblüten, die vergrößert und strahlenförmig angeordnet sind, und inneren rotvioletten Röhrenblüten.

GRÖSSE 30–70 cm hoch; aufrechter Wuchs

MERKMALE Blütenstand ein endständiges Körbchen, bis 3 cm im Durchmesser; Blüten mit blauen Zungenblüten und rotvioletten Röhrenblüten, Hülle eiförmig, bis 1,5 cm lang, Hüllblätter des Blütenkorbs mit schwarzem Fransenrand; Blätter schmal lanzettlich, bis 5 mm breit, sitzend, die unteren oft fiederspaltig, fein filzig behaart, dadurch graugrün aussehend, wechselständig; Stängel kantig, mehrfach verzweigt, weißwollig behaart; Samen werden vom Wind verbreitet, haben dafür Haarkranz

BLÜTEZEIT

J	F	M	A	M	J	J	A	S	O	N	D

Die Blüten erinnerten die Menschen früher an Augen. Deshalb vermuteten sie auch eine Heilwirkung bei Augenbeschwerden.

Im Volksglauben sprach man der Wegwarte Zauberkräfte zu. Sie sollte vor Stichverletzungen schützen und Fesseln sprengen.

Wegwarte

Cichorium intybus

Die Wegwarte ist die wilde Verwandte der bekannten Kulturpflanzen Chicorée und Radicchio, welche als Salat oder Gemüse in der heutigen Küche Verwendung finden. Seit dem späten Mittelalter wird sie als

Heilmittel genutzt: Neben Hautausschlägen und Ekzemen soll sie vor allem Erkrankungen an Leber, Magen oder Darm heilen. Heute gewinnt ein Inhaltsstoff der Wurzel, das Inulin, für die Ernährung bei Diabetes an Bedeutung, da er den Blutzuckerspiegel nicht erhöht.

Typisch

Die Wegwarte braucht offene Standorte, denn ihre Blüten öffnen sich nur bei Sonne (morgens um 6 Uhr) und blühen nur 1 Tag; bereits gegen Mittag sind sie oft schon wieder verblüht.

VORKOMMEN fast ganz Europa, nach Norden seltener; Wegränder, Bahndämme, Brach- und Schuttflächen, Wiesen, fehlt im Gebirge; auf trockenen, sonnigen Böden

GRÖSSE 30–150 cm hoch; aufrechter Wuchs

MERKMALE Blütenkörbchen bis 4 cm im Durchmesser, einzeln in den Blattachseln sitzend; nur hellblaue, seltener auch rosafarbene Zungenblüten, Hüllblätter zweireihig, mit Drüsenhaaren besetzt; Blätter sowohl grundständig in Rosetten als auch wechselständig am steifen Stängel, die unteren Blätter grob gesägt bis grob fiederteilig, unterseits rauhaarig, die oberen klein, lanzettlich, stängelumfassend; Stängel gerieft, sparrig verästelt, rauhaarig; Frucht mit kurzer Haarkrone

BLÜTEZEIT

J	F	M	A	M	J	J	A	S	O	N	D

Die Wegwarte gedeiht auch an häufig begangenen Stellen, denn ihr macht Tritt nicht viel aus.

Gelbe Blütenfarbe

Gelbe Teichrose (A, G)

Nuphar lutea

Typisch

Die Teichrose trägt mit ihren verzweigten Wurzelstöcken, in denen sich verrottendes Pflanzenmaterial ansammelt, zur Verlandung von Gewässern bei.

BLÜTEZEIT

J	F	M	A	M	J	J	A	S	O	N	D

Die Knospen schwimmen. Sobald sie aufgeblüht sind, können sie sich bis zu 20 cm über die Wasseroberfläche erheben. Dann duften die Blüten intensiv.

Die Pflanze wird dem Volksglauben nach von der »Muhme«, einem weiblichen Wassergeist, beschützt. Umgangssprachlich wird sie deshalb oft auch Teichmummel oder Mummel genannt. Im Gegensatz zur Weißen Seerose (siehe Seite 92/93) kann die Gelbe Teichrose auch im Schatten gedeihen. Die Pflanze hat sich an beengte Bedingungen in ihrem Lebensraum hervorragend angepasst: Wird der Platz durch andere Pflanzen zu gering, entwickelt sie nur wellig gekräuselte Unterwasserblätter.

VORKOMMEN fast ganz Europa bis auf den äußersten Süden und Norden, häufig; stehende und langsam fließende, tiefe, kühle, nährstoffreiche Gewässer, stille Buchten von Seen, Weiher, Teiche, Altwässer von Flüssen, auch im Gebirge

GRÖSSE je nach Wassertiefe 0,5–2,5 m lang; Schwimmblattpflanze

MERKMALE kugelige Blüten bis 6 cm im Durchmesser, 5 innen leuchtend gelbe, außen grüne Blütenblätter um zahlreiche spatelförmige gelbe Nektarblätter und Staubblätter; Blätter mit bis zu 30 cm langer und bis zu 20 cm breiter Blattspreite, oval, an der Basis herzförmig eingeschnitten, ledrig, ganzrandig; Stängel bis zu 2,5 m lang, bis 8 mm im Durchmesser, biegsam, von zahlreichen Luftkanälen durchzogen, im oberen Teil dreikantig; reife Früchte schwimmfähig, weil sich im Fruchtgewebe Luftblasen befinden, sie sinken auf den Gewässerboden, sobald Luft entwichen ist

ACHTUNG! Alle Teile der Pflanze sind giftig.

Diese stattliche Schwimmblattpflanze kann mit ihren großen Blättern Teiche vollständig bedecken.

Sumpf-Dotterblume (G)

Caltha palustris

Mit ihren leuchtend dottergelben Blüten verkünden Sumpf-Dotterblumen das Ende des Winters. Wie viele andere Frühlingspflanzen galt auch die Dotterblume bei vielen Völkern als Dämonen abwehrend. Vor die Tür des Viehstalles gestreut, sollte sie beispielsweise Hexen und den Teufel fernhalten. Obwohl die Blume leicht giftig ist, verwendete man die Blüten aufgrund ihrer gelben Farbe früher zum Färben von Butter und das Kraut zum Färben von Wolle.

VORKOMMEN fast ganz Europa, häufig; Feuchtwiesen, Gräben, Ufer, Flachmoore, Bruch- und Auwälder, bis in 2200 m Höhe; auf nassen, nährstoffreichen Böden

GRÖSSE 15–60 cm hoch; niederliegender bis aufsteigender Wuchs

MERKMALE Blüten lang gestielt, endständig, bis 4 cm im Durchmesser, 5 kronblattartige Hüllblätter und viele Staubblätter, Blütenblätter innen goldgelb, unterseits gelegentlich grünlich, glänzend; Blätter wechselständig, rundlich, am Grund herzförmig

Bei Regen sammelt sich das Wasser in den Blütenschalen. Dadurch können die Pollen schwimmend auf die Narbe gelangen, es findet Selbstbestäubung statt.

Die Sumpf-Dotterblume bildet oft dichte Bestände, denn die Samen sind durch Lufträume zwischen den Zellen schwimmfähig und werden vom Wasser verbreitet.

gebuchtet, fein gezähnt, glänzend, dunkelgrün, untere lang gestielt, obere sitzend; Stängel hohl, im oberen Bereich wenig verzweigt, kahl; Frucht eine sog. Balgfrucht, bis 2,5 cm lang, sternförmig, geschnäbelt

ACHTUNG! Die ganze Pflanze ist schwach giftig.

BLÜTEZEIT

J	F	M	A	M	J	J	A	S	O	N	D

Typisch

Blätter und Blüten wirken wie lackiert. Im UV-Licht betrachtet, erscheint das Blütenzentrum dunkel. Insekten wird so der Weg zu den Pollen gewiesen, da sie UV-Licht erkennen können.

Scharfer Hahnenfuß (G)

Ranunculus acris

Der Hahnenfuß hat sich hervorragend an seinen Lebensraum Wiese angepasst: Nach jedem Schnitt treibt der Wurzelstock neue Blütenstängel. Von Kühen wird die Pflanze wegen ihres scharfen, brennenden Geschmacks gemieden. Nur getrocknet im Heu verliert sich die Schärfe, dann wird sie gefressen. Bei empfindlichen Personen verursachen die brennenden Inhaltsstoffe Hautreizungen. Früher rieben sich deswegen manche Bettler mit dem Saft der Pflanze ein, um Mitleid erregende Wunden zu simulieren.

Die Blüten des Scharfen Hahnenfußes, auch Butterblume genannt, verwandeln ab Mai die Wiesen in ein gelbes Meer.

Die leuchtenden Blüten bieten viel Nektar und locken damit zahlreiche Insekten an.

VORKOMMEN fast ganz Europa, häufig; Wiesen, Weiden, Wegränder, im Gebirge bis über 2000 m Höhe; auf feuchten, nährstoffreichen Lehmböden

GRÖSSE 30–100 cm hoch; aufrechter Wuchs

MERKMALE Blütenstand eine lockere Rispe; Blüten auf runden Stielen, 5 glänzend goldgelbe Kronblätter, bis 3 cm im Durchmesser, im Inneren zahlreiche Staubblätter, Kelchblätter gelblich; Grundblätter lang gestielt, tief fünf- bis siebenspaltig, Fiederblättchen noch einmal stark eingeschnitten, untere Stängelblätter kurz gestielt, handförmig drei- bis fünfteilig, Fiederblättchen grob gesägt, obere Stängelblätter sitzend; Stängel schwach anliegend behaart oder fast kahl, oft stark verzweigt; Balgfrüchte, die Nüsschen, bilden ein kugeliges Köpfchen, Verbreitung über Tiere, Wasser und Wind

ACHTUNG! Die ganze Pflanze ist giftig.

Typisch

Bei den meisten Hahnenfußarten sind die Nüsschen stark gekrümmt. Die bis 3 mm langen Nüsschen des Scharfen Hahnenfußes haben allerdings nur einen kurzen Schnabel.

BLÜTEZEIT

J	F	M	A	M	J	J	A	S	O	N	D

Typisch

Die ganze Pflanze enthält einen orange-gelblichen Milchsaft, der giftig ist. Er dient ihr als Fraßschutz.

Schöllkraut (G)

Chelidonium majus

Das Schöllkraut diente seit dem Mittelalter als Heilpflanze gegen viele Krankheiten. Mit dem gelben Milchsaft entfernte man Warzen (Warzenkraut), wendete es zum Bleichen von Sommersprossen an oder bei Krätze und Flechten (Grindkraut). Auch bei Leberbeschwerden und offenen Wunden sollte es helfen. Heute ist bekannt, dass die Einnahme von Schöllkraut ganz im Gegenteil sogar zu Leberschädigungen führen kann und darum nur noch in geringer Konzentration verwendet werden sollte.

VORKOMMEN fast ganz Europa, häufig; Mauern, Wegränder, Zäune, Schutt- und Brachflächen, Gebüsche, Hecken, an sonnigen bis schattigen Standorten; auf stickstoffreichen Böden

GRÖSSE 30–70 cm hoch; aufrechter Wuchs

MERKMALE Blüten auf langen Stielen entweder einzeln oder zu 2–6 in einfachen Dolden in den Blattachseln, leuchtend gelb, bis 3 cm im Durchmesser, 4 Kronblätter sich kreuzweise gegenüberstehend, 2 Kelchblätter, zahlreiche Staubgefäße; Blätter wechselständig, die unteren gestielt, die oberen sitzend, fiederteilig bis gefiedert mit ungleichen, stumpf gezähnten Lappen, unterseits blaugrün; Stängel im oberen Bereich verzweigt, leicht behaart; Frucht eine bis 5 cm lange, schmale, unbehaarte Schote mit zahlreichen schwarzen Samen; Samen enthalten ein ölhaltiges Anhängsel, werden von Ameisen verbreitet

ACHTUNG! Die ganze Pflanze ist giftig.

Zwischen den Fingern zerrieben, riechen die frischen Blätter unangenehm.

Gelbe Resede

Reseda lutea

Der Name Resede setzt sich aus lateinisch »re-« für wieder und »sedere« für beruhigen zusammen und soll auf ihre frühere Verwendung als Heilpflanze hinweisen. Bekannt ist er dem ein oder anderen vielleicht aus der Zauberformel »reseda, morbos reseda«, die übersetzt »stille die Krankheiten« bedeutet. Der ebenfalls gebräuchliche Name Gelber Wau zeigt an, dass mit dieser Pflanze früher auch gefärbt wurde. »Wau« leitet sich von »waid« ab, womit die Altgermanen Färbepflanzen bezeichneten. Mit dem gelben Farbstoff Luteolin lässt sich Seide lichtecht färben.

Die zart gelb blühende Pflanze kam vor langer Zeit aus dem Mittelmeerraum zu uns. An trockenen Standorten ist sie im Norden bis nach Dänemark zu finden.

VORKOMMEN fast ganz Europa, zerstreut; sonnige Trockenrasen, Steinbrüche, Bahndämme, Mauern, Wegränder, Brach- und Schuttplätze, Weinberge, bis in 1600 m Höhe; auf steinigen, nährstoffreichen Böden

GRÖSSE 20–70 cm hoch; aufrechter Wuchs

MERKMALE Blütenstand eine dichte Traube aus zahlreichen Blüten; Blüten blassgelb, geruchlos, mit je 6 Kelch- und Kronblättern, zahlreichen Staubblättern, obere Kronblätter dreilappig, länger als die anderen; Blätter mit schmal geflügelten Stielen, ein- oder zweifach gefiedert, Fiederabschnitte schmal, am Rand gewellt, gezähnt, kahl, Grundblätter als Rosette, verwelken früh; Stängel einfach oder ästig, reich beblättert, kahl; Frucht eine längliche Kapsel, öffnet sich an der Spitze, Samen werden durch Tiere und Wind herausgeschüttelt

Blick auf den Blütenstand: Wegen der tief zerschlitzten Kronblätter wirken die Blüten wie zerzaust.

BLÜTEZEIT

J	F	M	A	M	J	J	A	S	O	N	D

Typisch

Im Gegensatz zur ähnlichen Färber-Resede (Reseda luteola), *deren Blüten 4 Kronblätter aufweisen, setzt sich die Blüte der Gelben Resede aus 6 Kronblättern zusammen.*

Ackersenf

Sinapis arvensis

Die stechend riechenden, scharfen Senföle des Ackersenfs schützen verwundete Pflanzen vor Pilzbefall und dienen als Fraßschutz. Auch unsere Vorfahren nutzten diese Öle in Form von Umschlägen bei Rheuma, Gicht oder Ischias und als Wickel bei Atemwegserkrankungen. Durch die hautreizenden Inhaltsstoffe wie zum Beispiel Senfölglykoside wurde die Durchblutung gefördert und damit eine Heilung herbeigeführt. Die Samen des Ackersenfs sind wahre Überlebenskünstler und können jahrzehntelang keimfähig bleiben.

VORKOMMEN fast ganz Europa, häufig; Äcker, Felder, Wegränder, Brach- und Schuttflächen, Gärten, bis in 1000 m Höhe; auf kalkhaltigen, nährstoffreichen Lehmböden

Aus den blassgelben Blüten entwickeln sich die bis 4 cm langen und 3 mm breiten Schoten.

Typisch

Der junge Blütenstand ist gedrungen, später verlängert er sich und die Einzelblüten sind besser sichtbar.

Ursprünglich war der Ackersenf im Mittelmeerraum heimisch. Mit dem Ackerbau kam er zu uns. Er gilt als Unkraut in Hackfruchtäckern.

GRÖSSE 30–60 cm hoch; aufrechter Wuchs

MERKMALE Blütenstand eine doldenähnliche Traube; Blüte bis 1,5 cm im Durchmesser, 4 Kronblätter schwefelgelb, Kelchblätter bis 5 mm lang, stehen fast waagerecht ab; Blätter rauhaarig, Grundblätter unregelmäßig buchtig gezähnt oder grob gefiedert mit größerer Endfieder, länglich oval, Stängelblätter wechselständig, kleiner, sitzend; Stängel abstehend behaart, kaum verzweigt; Frucht eine Schote mit gut 1 cm langem schnabelartigem Fortsatz, Samen rund, dunkelbraun

BLÜTEZEIT

J	F	M	A	M	J	J	A	S	O	N	D

Frühlings-Schlüsselblume (A)

Primula veris

Der wissenschaftliche Name Primula veris *bedeutet »die Erste im Frühling« und bezieht sich auf den frühen Blühzeitpunkt. Weil sie mit ihren goldgelben Blüten den tristen Winter verscheucht, sehen viele die Schlüsselblume als Himmelsschlüssel. Früher diente sie als gutes Hustenmittel und wurde auch bei Gicht, Rheuma, Migräne und*

Wegen des honigsüßen Geruchs der Blüten heißt die Frühlings-Schlüsselblume auch Duftende Schlüsselblume.

Die gelborangefarbenen Flecken in der Blüte bilden ein Saftmal im Zentrum der Blüte und weisen den Insekten den Weg.

Schlafstörungen wegen ihrer harntreibenden und beruhigenden Wirkung eingesetzt. Auch die moderne Naturheilkunde greift bei hartnäckigem Husten und Altershusten gern auf sie zurück.

VORKOMMEN vor allem Mitteleuropa, häufig; lichte Wälder, Gebüsche, Magerrasen, Wiesen, sonnige Böschungen, Almen, höchstens bis in 1500 m Höhe; auf nährstoffreichen, kalkhaltigen, trockenen, sonnigen Böden

GRÖSSE 10–20 cm hoch; aufrechter Wuchs

MERKMALE Blüten lang gestielt, in endständiger, vielblütiger (5–20), hängender, leicht einseitswendiger Dolde; 5 Kronblätter goldgelb mit gelborangefarbenen Schlundflecken, am Grund röhrenförmig, oben schüsselförmig ausgebreitet, bis 1,5 cm im Durchmesser, Kelch glockenförmig aufgeblasen, bis 1,5 cm lang; Blätter in grundständiger Rosette, länglich-eiförmig, runzelig, am Rand unregelmäßig gezähnt, plötzlich in den geflügelten Stiel verschmälert, bis 20 cm lang; Stängel unbeblättert, rund, weich behaart; Frucht eine eiförmige Kapsel

Typisch

Es gibt Blüten mit langem Griffel und in der Röhre verborgenen Staubblättern sowie kurzem Griffel und sichtbaren Staubblättern. Dadurch wird Selbstbestäubung vermieden.

BLÜTEZEIT

J	F	M	A	M	J	J	A	S	O	N	D

Im Unterschied zur Frühlings-Schlüsselblume (siehe Seite 186/187) ist der Kelch bei der Hohen Schlüsselblume eng anliegend.

Hohe Schlüsselblume (A)

Primula elatior

Einer Sage nach soll die Schlüsselblume aus dem Abdruck des Himmelsschlüssels entstanden sein, als dieser St. Peter entglitt und auf die Erde fiel. Die etwas höher wachsende Verwandte der Frühlings-

Schlüsselblume (siehe Seite 186/187) ist meist in Wäldern zu finden. Sie ist ebenfalls eine alte Heilpflanze, beispielsweise gegen Erkältungskrankheiten, findet in der Volksmedizin aber nicht so häufig Verwendung wie die Frühlings-Schlüsselblume.

Typisch

Die Hohe Schlüsselblume unterscheidet sich von der Frühlings-Schlüsselblume durch das Fehlen der orangefarbenen Schlundflecken in den Blüten.

VORKOMMEN fast ganz Europa, häufig, fehlt auf Sandgebieten; lichte, unterwuchsreiche Wälder aller Art, Wiesen, bis über 2000 m Höhe; auf nährstoffreichen, feuchten Böden

GRÖSSE 10–30 cm hoch; aufrechter Wuchs

MERKMALE Blüten hellgelb, bis 2 cm im Durchmesser, zu 5–15 in einseitswendiger hängender Dolde, Kronblätter flach ausgebreitet, langer, eng anliegender Kelch; Blätter als grundständige Rosette, bis 20 cm lang und 8 cm breit, gekerbt, allmählich in den wenig geflügelten Stiel verschmälert (im Gegensatz zur Frühlings-Schlüsselblume, Seite 186/187), oberseits runzelig, unterseits auf den Blattnerven etwas behaart; Stängel unbeblättert, leicht behaart

BLÜTEZEIT

J	F	M	A	M	J	J	A	S	O	N	D

Die Blüten der Hohen Schlüsselblume sehen zwar hübsch aus, duften aber nicht.

Gewöhnlicher Gilbweiderich

Lysimachia vulgaris

Ihren deutschen Namen erhielt die Pflanze wegen der an Weiden erinnernden Blätter und der gelben Blütenfarbe. Letztere variiert, je nachdem, wo der Gilbweiderich steht. Im Schatten sind die Blüten weniger intensiv und bestäuben sich selbst, in der vollen Sonne haben sie ein sattes Gelb und sind meist größer. Als Bestäuber kommen dort Schwebfliegen und Hautflügler in Frage.

Der Gilbweiderich breitet sich meist durch lange unterirdische Ausläufer aus. Er bildet deshalb oft dichte Bestände.

Der attraktiv blühende, aber duftlose Gilbweiderich hat auch Einzug in unsere Gärten gehalten.

VORKOMMEN fast ganz Europa, häufig; Hochstaudenfluren an Gewässern, entlang von Gräben, Verlandungsflächen, Feuchtwiesen, Flachmoore, Bruch- und Auwälder, Lichtungen; auf mäßig sauren, nassen, humusreichen oder torfigen Böden

GRÖSSE 80–130 cm hoch; aufrechter Wuchs

MERKMALE Blütenstand eine endständige Rispe mit zahlreichen Einzelblüten oder mit Blüten in langgestielten, blattachselständigen Trugdolden; Einzelblüte mit 5 goldgelben Kronblättern, diese fast bis zum Grund geteilt, ausgebreitet, bis 2 cm im Durchmesser, Kelchzipfel rötlich umrandet; Stängelblätter gegenständig oder zu 3–4 in Quirlen, unterseits behaart, bis 14 cm lang, ganzrandig, kurz gestielt, drüsig punktiert; Stängel flaumig behaart, verzweigt, beblättert, schwach kantig; Frucht eine bis 5 mm lange Kapsel, Samen sind schwimmfähig

BLÜTEZEIT

J	F	M	A	M	J	J	A	S	O	N	D

Typisch

Die Samenstände des Gilbweiderichs fallen im Winter nicht ab. Aus den offenen Samenkapseln werden die Samen durch Wind und Wasser herausgeschüttelt.

Echtes Johanniskraut

Hypericum perforatum

Die Pflanze trägt den Namen Johanniskraut, weil sie der Legende nach aus dem Blut von Johannes dem Täufer entspross. Wegen ihrer festen Stängel nennt man sie auch Tüpfel-Hartheu. Das Johanniskraut ist eine wichtige Heilpflanze. Sowohl in der Naturheilkunde als auch in der Schulmedizin wird sie bei Depressionen eingesetzt, in der Naturheilkunde unter anderem auch bei Muskelschmerzen und zur Nervenberuhigung. Im Aberglauben spielte sie ebenfalls eine große Rolle. So hoffte man, dass ein Kranz aus der Pflanze ins Fenster gehängt Feuer und böse Geister vom Haus abhalten würde.

VORKOMMEN fast ganz Europa, häufig; Wegränder, Waldränder, Gebüsche, Lichtungen und Kahlschläge in Wäldern, Heiden, Brachflächen, Bahndämme; auf trockenen, mageren Böden

GRÖSSE 30–70 cm hoch; aufrechter Wuchs

Auf die zahlreichen weißlich durchscheinenden Pünktchen in den Blättern bezieht sich der wissenschaftliche Artname perforatum. *Dabei handelt es sich um Öldrüsen.*

Die Blüten des Johanniskrauts öffnen sich um den Johannistag, den 24. Juni.

MERKMALE Blütenstand eine lockere doldenartige Rispe; Blüten mit 5 leuchtend goldgelben Kronblättern und zahlreichen, in drei Büscheln stehenden Staubblättern, bis 2,5 cm im Durchmesser, 5 lanzettliche Kelchblätter; Blätter gegenständig, länglich-elliptisch, kahl, dicht durchscheinend punktiert; Stängel oben verzweigt, rund, mit 2 erhabenen Längsleisten, kahl

ACHTUNG! Bei längerer Anwendung von Johanniskraut kann es zu einer Lichtempfindlichkeit (Fotosensibilität) der Haut kommen. Die Haut reagiert dann bei Sonnenbestrahlung gereizt.

BLÜTEZEIT

J	F	M	A	M	J	J	A	S	O	N	D

Typisch

Die Kronblätter weisen dunkle Punkte auf. Zerreibt man sie zwischen den Fingern, färben sie die Haut dunkelrot. Das aus den Blüten mit Olivenöl gewonnene heilkräftige Öl heißt deshalb auch Rotöl.

Zypressen-Wolfsmilch (G)

Euphorbia cyparissias

Die Euphorbien *sind benannt nach Euphorbos, dem Leibarzt des Königs Juba II von Mauretanien, der im 1. Jahrhundert v. Chr. lebte. Der scharfe, beißende Milchsaft führte zu dem Namen Wolfsmilch. Da man mit dem Milchsaft früher Warzen weggeätzt hat, heißt die Pflanze auch Warzenkraut. Wegen ihrer auffälligen Erscheinung wird sie vielfach in Naturgärten angebaut. Inzwischen gibt es auch Sorten mit anderen Farben, etwa in Dunkelrot. Die Zypressen-Wolfsmilch*

Die Zypressen-Wolfsmilch wächst an ihr zusagenden Standorten rasenbildend.

ist eine wichtige Nahrungspflanze für die Raupen des Wolfsmilchschwärmers.

Den Zusatz Zypresse im Namen erhielt die Pflanze wegen der Ähnlichkeit von nicht blühenden Trieben mit Sämlingen der Zypressen.

VORKOMMEN Mittel- und Südeuropa, häufig; Wegränder, Böschungen, Bahndämme, Schuttflächen, Felsfluren, Magerrasen, lichte, trockene Wälder, bis in 2000 m Höhe; auf trockenen, kalkreichen Böden

GRÖSSE 15–40 cm hoch; aufrechter Wuchs

MERKMALE Gesamtblütenstand ein bis 15-strahliger Schirm aus Scheindolden; »Blüte« in Wirklichkeit ein stark rückgebildeter Blütenstand, von hellgelber Hochblatthülle umgeben, unscheinbar grünlich gelb, mit halbmondförmigen Nektardrüsen, einer weiblichen und mehreren männlichen Blüten; Blätter wechselständig, kahl, nadelförmig dünn, aber weich, hellgrün, höchstens 2 mm breit, aber bis 3 cm lang; Stängel kahl, nicht blühende Triebe dicht beblättert; Frucht eine Kapsel, warzig, wirkt wie fein punktiert, platzt zur Reifezeit auf und schleudert dadurch den Samen weit heraus

ACHTUNG! Die ganze Pflanze führt einen weißen giftigen Milchsaft, der die Haut reizt.

BLÜTEZEIT

J	F	M	A	M	J	J	A	S	O	N	D

Typisch

Die Hüllblätter färben sich zur Fruchtzeit rot. Der Milchsaft dient als Fraßschutz und Wundverschluss, denn bei Luftkontakt gerinnt er sofort und ist nicht mehr wasserlöslich.

Der Scharfe Mauerpfeffer bildet oft dichte Teppiche. Deshalb wird er gern zur Begrünung von Flachdächern oder Steingärten angepflanzt.

Scharfer Mauerpfeffer (G)

Sedum acre

Der Mauerpfeffer ist ein wahrer Trockenkünstler: Er kann in seinen fleischigen Blättern Wasser speichern und so sogar längere Trockenperioden überdauern. Im Bayerisch-österreichischen Raum wurde er deshalb auch »Christusschweiß« genannt. Die pfeffrig scharfen Blätter der Pflanze dienten in sehr kleinen Mengen als Gewürz. Außerdem wurde der Scharfe Mauerpfeffer früher auch als Heilkraut verwendet: Der Saft wurde vor allem gegen Warzen eingesetzt und das Kraut bei schlecht heilenden Wunden.

VORKOMMEN fast ganz Europa, häufig; Sandtrockenrasen, Dünen, Bahndämme, Felsbänder, Mauern, Kiesdächer, trockene Kiefernwälder, bis in 2300 m Höhe; auf steinigen, trockenen, kalkhaltigen Böden

GRÖSSE 5–15 cm hoch; kriechender bis aufsteigender Wuchs

MERKMALE Blütenstand eine dichte, wenigblütige Scheindolde; Blüte gelb, mit zugespitzten, fast waagerecht abstehenden Kronblättern, bis 1,5 cm im Durchmesser; Blätter dick eiförmig, fleischig, grün, oft rötlich überhaucht, am Grund abgerundet, sitzend, 4 mm lang, 3 mm breit; Stängel kahl; Samen werden von Regen und Ameisen verbreitet

Typisch

Die Samen entwickeln sich in Balgfrüchten, die sich bei Regen sternförmig öffnen. Sie werden vom Wasser herausgeschwemmt.

ACHTUNG! Die ganze Pflanze ist giftig, längeres Kauen der Blätter kann zu Erbrechen führen.

BLÜTEZEIT

J	F	M	A	M	J	J	A	S	O	N	D

Die dickfleischigen Blätter stehen dicht überlappend am Stängel. Sie sind im Querschnitt mehr oder weniger dreieckig.

Wechselblättriges Milzkraut

Chrysosplenium alternifolium

Das Wechselblättrige Milzkraut hat eine besondere Art der Vermehrung entwickelt, hauptsächlich nutzt sie dazu Wasser. Regentropfen, die auf die Pflanze fallen, führen zum Abwerfen oder Wegschleudern der Samen aus der schalenartigen Kapselfrucht. Vom nah verwandten

Die Blüten des Wechselblättrigen Milzkrauts sind unscheinbar und sehr klein. Goldgelb gefärbte Hochblätter übernehmen die Lockfunktion für die bestäubenden Insekten.

Gegenständigen Milzkraut (Chrysosplenium oppositifolium) *unterscheidet sich die Pflanze durch ihre wechselständig angeordneten Blätter.*

VORKOMMEN fast ganz Europa, zerstreut; Quellfluren, Bachufer, Sümpfe, schattige, feuchte Wälder, Gebüsche, Hochstaudenfluren, nasse Bergwiesen, bis in 2000 m Höhe; auf nährstoffreichen Böden

GRÖSSE 10–15 cm hoch; aufrechter Wuchs

MERKMALE Blütenstand eine Trugdolde; Blüte klein, grünlich gelb, von gelben Hochblättern umgeben und dadurch eine größere Blüte vortäuschend (übernehmen Schauwirkung), Kronblätter fehlen, 8 Staubblätter, 4 Kelchblätter; Blätter rundlich herzförmig, grob gekerbt, wenig behaart oder fast kahl, glänzend, Grundblätter in einer Rosette, lang gestielt, Stängelblätter wechselständig; Stängel dreikantig; Frucht eine becherförmige Kapsel, ist schon vor der Fruchtreife offen, Verbreitung der Samen durch Wasser, Regentropfen schleudern die Samen aus der Blütenschale

BLÜTEZEIT

J	F	M	A	M	J	J	A	S	O	N	D

Typisch

Das Wechselblättrige Milzkraut hat blattlose, fadenförmige Ausläufer, mit denen es sich verbreitet. An passenden Standorten bildet es lockere Rasen.

Blutwurz

Potentilla erecta

Der Name »Blutwurz« bezieht sich auf die rote Flüssigkeit, die nach dem Anschneiden aus dem außen braunen, innen rötlich gelben Wurzelstock tropft. Mit dem Farbstoff wurden früher Wolle und Leder rot gefärbt. Wegen der Gerbstoffe schworen die Heilkundigen im Mittelalter auf die Blutwurz oder Tormentill, denn sie half nicht nur bei Entzündungen des Rachenraums, sondern vor allem bei Blutungen und Durchfall (deshalb auch Ruhrwurz!). Im Handel ist auch ein Magenbitter aus Blutwurz erhältlich.

VORKOMMEN fast ganz Europa, bei uns häufig; Magerwiesen, Heiden, Sumpfwiesen, Niedermoore, lichte Mischwälder, bis über 2000 m Höhe; auf kalkfreien, nährstoffarmen Böden

Die Mitte der goldgelben, bis 12 mm großen Blüten ist intensiver gefärbt. Diese Saftmale locken Insekten zum Bestäuben an, weil sie Nektar versprechen.

Typisch

Im Gegensatz zu den anderen gelb blühenden Potentilla-Arten hat die Blutwurz nur je 4 Kron- und Kelchblätter. Von allen einheimischen Fingerkräutern ist sie am häufigsten bei uns.

Wegen der aufsteigenden Stängel heißt die Pflanze auch Aufrechtes Fingerkraut. Die gleiche Bedeutung hat auch der wissenschaftliche Artname erecta.

GRÖSSE 10–30 cm hoch; niederliegend-aufsteigender Wuchs

MERKMALE Blüte gelb, endständig an aufrechtem Stiel in den Blattachseln; Blätter am Grund als Rosette, 3-fach gefingert, lang gestielt, grob gezähnt, verwelken schnell, Stängelblätter sitzend, 3-fach gefingert, erscheinen durch große, tief gezähnte Nebenblätter wie 5-fach gefingert, Teilblättchen länglich-lanzettlich, grob gezähnt; blühende Stängel im oberen Bereich verzweigt, behaart

BLÜTEZEIT

J	F	M	A	M	J	J	A	S	O	N	D

Gewöhnlicher Hornklee (G)

Lotus corniculatus

Sowohl der wissenschaftliche Artname corniculatus *(= gehörnt) als auch der deutsche Name nehmen Bezug auf das unterseits rechtwinklig gebogene Schiffchen der Blüte. Die goldgelben Blüten stellen eine gute Bienenweide dar, denn sie enthalten reichlich Nektar. Auch von Weidetieren werden die Pflänzchen gerne gefressen, die enthaltenen Giftstoffe sind ausschließlich für Schnecken schädlich. Auf trockenen Böden entwickelt die Pflanze lange Wurzeln, deshalb wird sie gern zur Befestigung des Bodens an Straßenböschungen ausgesät.*

VORKOMMEN fast ganz Europa, fehlt nur im äußersten Norden, bei uns häufig; Wiesen, Halbtrocken- und Magerrasen, Wegränder, lichte Wälder, bis über 2000 m Höhe; auf kalkhaltigen, stickstoffarmen Böden

GRÖSSE 5–30 cm hoch; aufsteigender bis aufrechter Wuchs

Die Blüten des Hornklees bestehen wie alle Blüten der Schmetterlingsgewächse aus der großen oberen Fahne, den seitlichen Flügeln und dem Schiffchen.

Die Knospen sind wie die Schiffchenspitze meist rötlich überlaufen.

MERKMALE Blüten zu 3–8 in lang gestielter kopfiger Dolde, am Grund mit 3 kleinen Hochblättern; Blüte bis 1,5 cm lang, intensiv gelb, Schiffchen (unteres Kronblatt) zur Spitze hin rechtwinklig nach oben gebogen, oft rötlich überlaufen; Blätter fünffach gefiedert, ganzrandig, länglich-eiförmig, senken sich ab der Dämmerung ab; Stängel engröhrig; Frucht eine Hülse, bis 2 cm lang, gerade, im reifen Zustand rötlich dunkelbraun

ACHTUNG! Die Pflanze ist schwach giftig.

BLÜTEZEIT

J	F	M	A	M	J	J	A	S	O	N	D

Typisch

Bei den gefiederten Blättern entsprechen die beiden unteren sitzenden Teilblättchen eigentlich Nebenblättern. Die Fiederblättchen sind oval und kurz gestielt.

Typisch

Der Hopfenklee hat einen interessanten Bestäubungsmechanismus: Setzt sich ein Insekt auf die Blüte, explodieren die Staubblätter und drücken den Pollen an den Bauch des Insekts.

BLÜTEZEIT

J	F	M	A	M	J	J	A	S	O	N	D

Hopfenklee

Medicago lupulina

Die Gattung Medicago *heißt auch Schneckenklee, weil die Hülsen einfach bis mehrfach schneckenförmig gewunden sind. Die Ähnlichkeit der kugeligen Blüten mit Hopfenblüten verhalf der Pflanze zu ihrem deutschen Namen Hopfenklee. Die Blüten werden vor allem von Bienen besucht, ihre Blätter sehr gern vom Vieh abgeweidet. Heute kommt der Hopfenklee fast weltweit vor, da er mithilfe von Bakterien in den Wurzeln den Luftstickstoff zu binden vermag und deshalb zur biologischen Gründüngung angepflanzt wird.*

VORKOMMEN fast ganz Europa, häufig; trockene Wiesen, Halbtrockenrasen, Schuttplätze, Weg- und Straßenränder, bis in 1500 m Höhe; auf kalkhaltigen, trockeneren Böden

GRÖSSE 10–50 cm hoch; niederliegender bis aufsteigender Wuchs

MERKMALE Blüten langgestielt, ca. 3 mm lang, gelb, stehen zu 10–50 in einem kugeligen Köpfchen (Traube) zusammen, das einen Durchmesser bis 0,5 cm hat; Grundblätter zur Blütezeit vertrocknet, Stängelblätter ähnlich Kleeblättern dreizählig, jedes Fiederblättchen verkehrt eiförmig, unterseits schwach behaart, fein gezähnt, zugespitzt; Stängel kantig, bis 50 cm lang, fein behaart; Frucht eine 3 mm lange, einsamige, zuletzt schwarze Hülse, einmal gewunden, stehen wie die Blüten in einem Köpfchen zusammen, die Samen werden vom Regen verbreitet

Die Endfieder der kleeblattähnlichen Blätter ist länger gestielt als die beiden Seitenblättchen. Die Blüten behalten die gelbe Farbe auch nach dem Verblühen.

Echtes Springkraut (G)

Impatiens noli-tangere

Der wissenschaftliche Artname noli-tangere *bedeutet so viel wie »bitte nicht berühren«. Dies bezieht sich auf die keulenförmigen Früchte, die im reifen Zustand so unter Druck stehen, dass sie bei der geringsten Berührung explosionsartig platzen. Dabei trennen sich die Fruchtblätter und rollen sich nach innen ein, wodurch die Samen mehrere Meter weit verstreut werden. Diese Tatsache drückt sich auch im deutschen Namen Springkraut oder in weiteren Namen wie Rührmichnichtan aus.*

VORKOMMEN fast ganz Europa, häufig; feuchte Laub- und Mischwälder, Auwälder, Gebüsche, Kahlschläge, bis zur Laubwaldgrenze in ca. 1300 m Höhe; auf nährstoffreichen, nassen Lehmböden

GRÖSSE 50–100 cm hoch; aufrechter Wuchs

MERKMALE Blütenstand eine blattachselständige Traube mit 2–4 Einzelblüten; Blüten gelb, innen rot punktiert, bis 4 cm lang, hängen an abwärts gebogenen Stielen; Blätter wechselständig, eiförmig, grob gesägt, am Rand mit gestielten Drüsen, bis 10 cm lang; Stängel glasig durchscheinend, an Gelenken verdickt, verzweigt; Frucht eine fünfklappige längliche Kapsel, bis 3 cm lang; ganze Pflanze ist kahl

ACHTUNG! Die Pflanze ist schwach giftig.

Die gelben, innen rot punktierten Blüten enden in einem langen, gekrümmten Sporn.

Typisch

Das Echte Springkraut wächst meist an schattigen Standorten mit hoher Luft- und Bodenfeuchtigkeit. Durch die hängenden Blüten ist es kaum zu verwechseln.

BLÜTEZEIT

J	F	M	A	M	J	J	A	S	O	N	D

Typisch für das Echte Springkraut: Die Blütenstände werden von den Blättern überragt.

Gewöhnliche Nachtkerze

Oenothera biennis

Die Nachtkerze öffnet ihre großen Blüten erst gegen Abend, sie werden von Nachtfaltern bestäubt. Die Pflanze heißt auch Schinkenkraut, denn die essbare Wurzel erinnert nach dem Kochen und Schälen an einen Schinken. Der wissenschaftliche Artname biennis *bedeutet zweijährig: Im ersten Jahr ist nur die grundständige Blattrosette zu*

Die Nachtkerze stammt ursprünglich aus Nordamerika, sie ist seit dem 17. Jahrhundert bei uns heimisch.

sehen, im zweiten Jahr erscheinen dann Stängel und Blüte. Aus den Samen gewinnt man das Nachtkerzenöl. Es ist reich an essenziellen Omega-6-Fettsäuren und wird unterstützend bei Neurodermitis, Wechseljahrsbeschwerden und schmerzhafter Periode eingesetzt.

Die auffallend großen Blüten sind nur 24 Stunden geöffnet. Sie duften nachts besonders intensiv.

VORKOMMEN fast ganz Europa, häufig; Bahndämme, Wegränder, Schutt-, Kies- und Brachflächen, Böschungen; auf sandigen, kiesigen, nährstoffreichen Böden

GRÖSSE 50–100 cm hoch; aufrechter Wuchs

MERKMALE Blütenstand eine traubenähnliche Blütenkerze (Name!); Blüten goldgelb, bis 5 cm im Durchmesser, tellerförmig, stehen einzeln in den Blattachseln, Kronblätter sind länger als die Staubblätter, Kelchblätter sind zurückgeschlagen; Grundblätter schmal-lanzettlich in einer dem Boden anliegenden Rosette, lang gestielt, buchtig gezähnt bis fast ganzrandig, bis 15 cm lang, Stängelblätter kleiner, sitzend, wechselständig, ei-lanzettlich, ganzrandig bis fein gesägt; Stängel meist unverzweigt; Frucht bis 3 cm lang, diente während des Kriegs als Kaffeeersatz

Typisch

Die gelben Kronblätter bilden am unteren Rand eine ca. 4 cm lange Röhre, die wie ein Blütenstiel aussieht. In der Röhre sammelt sich der Nektar. Er ist nur für langrüsselige Nachtfalter erreichbar. Die ganze Pflanze ist oft rötlich überlaufen.

BLÜTEZEIT

J	F	M	A	M	J	J	A	S	O	N	D

Echtes Labkraut

Galium verum

Typisch

Die zahlreichen winzigen Blüten produzieren reichlich Nektar und stellen dadurch eine gute Bienenweide dar. Bei Sonne duftet es in ihrer Umgebung intensiv süßlich nach Honig.

BLÜTEZEIT

J F M A M J J A S O N D

Die zahlreichen winzigen Einzelblüten sind nur 3 mm groß.

Der Gattungsname Galium *verweist auf die frühere Verwendung der Pflanze zur Käseherstellung (siehe* *Seite 112**). Nur noch wenige Käsesorten, etwa der englische Chester-Käse, werden auch heute noch mit Labkraut hergestellt. Das Echte Labkraut war bei den Germanen der Göttin Freya gewidmet, der Göttin der Fruchtbarkeit, später der Jungfrau Maria. Auf manchen Marienbildern ist es abgebildet. Als Frauenkraut wurde das Labkraut zur Geburtserleichterung ins Bett gelegt, auch in Marias Wochenbett soll es gelegen haben. Deshalb heißt es volkstümlich auch Muttergottesstroh oder Unser-lieben-Frau-Bettstroh.*

VORKOMMEN fast ganz Europa, meist häufig; Wegränder, Trocken- und Halbtrockenrasen, Magerwiesen, Hecken, Waldränder, Dünen; auf nicht zu trockenen, meist kalkhaltigen Böden

GRÖSSE 20–70 cm hoch, gelegentlich höher; aufrechter oder bogig aufsteigender Wuchs, Spreizklimmer

MERKMALE Blütenstand eine endständige, dicht verzweigte Rispe; Einzelblüten gelb, angenehm duftend, Krone 4-zipfelig, Kelchblätter fehlen; Blätter nadelartig schmal mit stacheliger Spitze, bis 2,5 cm lang, am Rand nach unten umgerollt, unterseits weich behaart, stehen in 8- bis 12-blättrigen Quirlen um den Stängel, Stängel rund, reich verzweigt, im oberen Bereich mit vier erhabenen Kanten

links: Aus den weithin leuchtenden Blüten gewann man früher einen gelben Farbstoff, aus der Wurzel einen roten Farbstoff zum Färben von Stoffen und Wolle.

Schwarze Königskerze

Verbascum nigrum

Die Schwarze Königskerze ist schon seit Jahrtausenden ein viel genutztes Heilmittel und Zauberkraut, heute ist sie eben aus diesem Grund eine Zeigerpflanze für antike Ansiedlungen bis zurück zur Eisenzeit. Die imposante Pflanze ist nicht nur eine beliebte Zierpflanze, sie ist ein hilfreiches Heilkraut gegen Husten und Reizhusten. Äußerlich angewendet hilft sie gegen Verletzungen und Hautausschläge. Gern nutzte man sie auch zum Färben von Wolle und Haaren. Da sie heute relativ selten ist, sollte sie nicht aus der freien Natur entnommen werden.

VORKOMMEN fast ganz Europa, in Mitteleuropa verbreitet, aber nicht häufig; Schutt- und Brachflächen, Wegränder, Dämme, Böschungen, Kahlschläge, Waldränder; auf lockeren, kalkarmen, sandigen Böden

GRÖSSE 50–150 cm hoch; aufrechter Wuchs

MERKMALE Blütenstand eine lange, schlanke ährenartige Traube, selten verzweigt; Blüten gelb, Krone bis 2,5 cm im Durchmesser, im Zentrum purpurn gefleckt, Staubfäden violettwollig; untere Blätter am

Die violette Behaarung der Staubfäden täuscht reichlich Pollen vor, wodurch viele Insekten angelockt werden.

Der interessante Kontrast zwischen gelben Kronblättern und violetten Staubfäden macht die Schwarze Königskerze zu einem Blickfang in jedem Garten.

Grund herzförmig, lang gestielt, unregelmäßig gekerbt, bis 20 cm lang, obere Blätter sitzend, einfach gekerbt, alle Blätter oberseits fast kahl, unterseits grau-filzig; Stängel im oberen Bereich scharfkantig, meist unverzweigt, oft dunkel überlaufen; Frucht eine längliche Kapsel, die winzigen Samen gelangen ins Freie, wenn die Klappen im reifen Zustand aufspringen

Typisch

Kennzeichen der Schwarzen Königskerze sind die violett-wolligen Staubfäden mit orangefarbenen Staubbeuteln in den Blüten.

BLÜTEZEIT

J	F	M	A	M	J	J	A	S	O	N	D

Gewöhnliches Leinkraut

Linaria vulgaris

Das Leinkraut ist eine typische Hummelblume, denn nur relativ schwere Insekten vermögen die Unterlippe nach unten zu drücken, um in das Innere der Kronröhre zu gelangen und sich am Nektar im Sporn zu bedienen. Der deutsche Name Leinkraut und der wissenschaftliche Gattungsname Linaria *wurden wegen der Ähnlichkeit*

Das Leinkraut wächst meist in größeren Beständen an trockenen, sonnigen Standorten. Mit seinen langen Wurzeln befestigt es den Boden.

Die Blüte erinnert an ein Löwenmäulchen aus dem Garten. Die Kronröhre mit zweizipfeliger Ober- und dreizipfeliger Unterlippe läuft in einen spitzen, bis 3 cm langen Sporn aus.

Typisch

Der Schlund der Krone ist durch eine bauchige Ausstülpung auf der Unterlippe, den Gaumen, verschlossen. Er trägt einen intensiv orangefarbenen Fleck.

der Blätter mit denen des Echten Leins (Linus perenne) *gewählt. Die Pflanze heißt deshalb auch Frauenflachs oder Flachskraut. Im Mittelalter galt sie als abführende und harntreibende Heilpflanze. Das Kraut in die Schuhe gelegt, sollte vor Müdigkeit beim Gehen schützen.*

VORKOMMEN fast ganz Europa, häufig; Wegränder, Mauern, Böschungen, Bahndämme, Schotterflächen, Brachflächen, Kahlschläge, Weinberge, bis in 1200 m Höhe; auf nährstoffreichen, lockeren, steinigen Böden

GRÖSSE 30–60 cm hoch; aufrechter Wuchs

MERKMALE Blütenstand eine dichte endständige Traube mit zahlreichen gelben Einzelblüten auf kurzen Stielchen; Rachenblüte zweilippig, Krone bis 3,5 cm lang, orangefarbener Fleck in der Mitte der bauchigen Unterlippe, langer, gerader Sporn, Kelchblätter glockenförmig mit lanzettlichen Zipfeln; Blätter wechselständig, linealisch bis lanzettlich, zugespitzt, bis 8 cm lang und 5 mm breit, am Rand oft etwas umgebogen, oberseits graugrün, kurz behaart; Stängel kahl, fest, verzweigt, dicht beblättert

Gold-Taubnessel

Lamiastrum galeobdolon

Die Pflanze heißt Taubnessel, weil ihre Blätter zwar an die mit Brennhaaren besetzten Blätter der Brennnessel erinnern, aber nicht brennen, also taub sind. Die systematische Einordnung der Art ist unter den Fachleuten noch nicht geklärt; manche stellen sie zu den Taubnesseln (Gattung Lamium), *manche in eine eigene Gattung* Lamiastrum. *Die Art bildet oberirdische Ausläufer, mit deren Hilfe sie sich vermehrt und dadurch auch größere Bestände bilden kann.*

VORKOMMEN fast ganz Europa, verbreitet; unterwuchsreiche Laub- und Mischwälder, Auwälder, Gebüsche, Hochstaudenfluren, bis etwa zur Laubwaldgrenze; auf nährstoffreichen, lockeren, etwas feuchten Böden

GRÖSSE 30–50 cm hoch; aufrechter Wuchs

MERKMALE Blüten lippenförmig, goldgelb, bis 2,5 cm lang, Oberlippe helmartig gewölbt, Kelch mit zugespitzten Zipfeln; Blätter ähnlich Brennnesselblättern, aber nur schwach behaart, bis 8 cm lang, grob gekerbt, spitz, kreuzgegenständig, gestielt; Stängel vierkantig, bildet an Blattknoten, die dem Boden aufliegen, rasch Wurzeln, daher Vermehrung über lange Ausläufer

Die Unterlippe hat an den Seiten dreieckige Zähnchen, wodurch sie dreilappig wirkt. Sie weist ein dunkelorangefarbenes Flecken- und Strichelmuster auf, das Insekten zum Nektar führt.

Die Blüten sind in quirlartigen Blütenständen in den oberen Blattachseln angeordnet.

Typisch

Die Gold-Taubnessel ist die einzige gelbblühende Nesselart bei uns. Da die Gold-Taubnessel bei milden Temperaturen wintergrün ist, wird sie gern als Unterwuchs unter Bäumen in Gärten und Parks gepflanzt.

BLÜTEZEIT

J	F	M	A	M	J	J	A	S	O	N	D

Löwenzahn

Taraxacum officinale

Der Löwenzahn hat seinen Namen von der Form der Blätter, die durch die unregelmäßige Zähnung an das Gebiss eines Raubtiers erinnert. Er wird auch Kettenblume genannt, denn wenn die Stängel in Wasser gestellt werden, rollen sie sich zu einem Kringel auf. Aneinandergehängt lassen sich daraus Blütenketten und -kränzchen herstellen. Bitter- und Gerbstoffe sind verantwortlich für die Verwendung des Löwenzahns in der Naturheilkunde bei Leber- und Gallenbeschwerden. Namen wie Bettpisser, Pissblume oder Seichkraut weisen auf seine harntreibende Wirkung hin.

VORKOMMEN fast ganz Europa, häufig; Wiesen, vor allem Fettweisen, Weiden, Wegränder, Schuttplätze, Gärten und Parks, bis in 2500 m Höhe; auf nährstoffreichen Böden

GRÖSSE 10–50 cm hoch; aufrechter Wuchs

MERKMALE Blütenkorb endständig, bis 6 cm im Durchmesser, mit bis zu 200 Zungenblüten, Hülle aus 2 Reihen von Schuppen, innere anliegend, äußere kürzer, abstehend; Blätter in grundständiger Rosette, länglich, unregelmäßig tief geteilt; Stängel hohl, blattlos, kahl oder schwach behaart, enthält bitter schmeckenden Milchsaft; kugeliger Fruchtstand, Frucht hellbraun, mit »Fallschirmchen«, Verbreitung der Samen durch den Wind oft über weite Strecken; rübenartige Wurzel

Die »Pusteblume« ist der Fruchtstand des Löwenzahns. Pro Jahr produziert eine Pflanze bis zu 5000 Samen.

BLÜTEZEIT

J	F	M	A	M	J	J	A	S	O	N	D

Typisch

Der Löwenzahn öffnet seine Blütenkörbe nur bei Sonne, nachts und bei feuchtem Wetter sind sie geschlossen. Üppige gelbe Löwenzahnwiesen erfreuen das Auge, deuten aber auf eine Überdüngung des Bodens hin.

Kleines Habichtskraut

Hieracium pilosella

Das Kleine Habichtskraut wurde zur Zeit Hildegards von Bingen als Heilkraut innerlich bei Gelbsucht und äußerlich als Wundkraut eingesetzt. In einem Säckchen um den Hals getragen, sollte es gegen

Die Blätter weisen auf der Oberseite lange Borstenhaare auf. Deshalb heißt die Pflanze auch Langhaariges oder Behaartes Habichtskraut.

Die Blüten des Habichtskrauts sind bis 3 cm groß und bestehen nur aus Zungenblüten.

Typisch

Die äußeren Zungenblüten weisen auf ihrer Unterseite oft einen roten Streifen auf. Die Körbchen sind nur bei Sonne bis zum frühen Nachmittag geöffnet.

Augenleiden helfen. Deshalb heißt es lokal auch Augenwurz. Bei Trockenheit rollen sich die Blattränder nach oben. Weil dadurch die weißfilzige Unterseite nach oben zeigt, die Licht reflektiert, erwärmt sich die Pflanze nicht so stark und verdunstet deshalb weniger Wasser.

VORKOMMEN fast ganz Europa, häufig; Halbtrocken- und Trockenrasen, Wegränder, Heiden, lichte Wälder, bis in 3000 m Höhe in Felsspalten; auf stickstoffarmen, trockenen, sonnigen Böden

GRÖSSE 5–25 cm hoch; aufrechter Wuchs

MERKMALE Blütenkörbchen endständig auf blattlosem Stiel, besteht nur aus Zungenblüten, außen Kranz kurzer Hüllblätter, Fruchtknoten mit Haarkranz; Blätter in grundständiger Rosette, verkehrt eiförmig bis länglich, unterseits dicht grau-filzig behaart; Früchte mit Haarkranz, Haare zerbrechen leicht; Verbreitung über oberirdische Ausläufer, an deren Enden sich Tochterrosetten bilden, dadurch oft große Bestände; Pflanze führt Milchsaft

BLÜTEZEIT

J	F	M	A	M	J	J	A	S	O	N	D

Die stattliche Pflanze heißt wegen der spinnwebigen Behaarung auf der Unterseite der Blätter auch Spinnenkraut.

Jakobs-Greiskraut (G)

Senecio jacobaea

Besonders bei Bauern und Pferdehaltern ist das Jakobs-Greiskraut oder Jakobs-Kreuzkraut gefürchtet. Als Futterpflanze in allen Teilen giftig, verliert die Pflanze im Heu-Zustand eben jene Bitterstoffe, die es sonst für Tiere ungenießbar machen. Die untergemischte Pflanze wird gefressen und führt im schlimmsten Fall zu dauerhaften Leberschäden und sogar zum Tod. Im Sommer finden sich nicht selten die auffällig schwarz-gelb geringelten Raupen des Jakobskrautbären oder Blutbären an der Pflanze, diese werden durch das aufgenommene Gift für ihre Fressfeinde unbekömmlich.

VORKOMMEN fast ganz Europa, häufig; Trockenrasen, Wegränder, Waldränder, Gebüsche, kaum über 1000 m Höhe; auf kalkhaltigen, stickstoffreichen Böden

GRÖSSE 30–120 cm hoch; aufrechter Wuchs

MERKMALE Blütenstand eine flache doldenartige Rispe aus bis zu 15 Blütenkörbchen, diese bis 2 cm im Durchmesser, mit randständigen Zungenblüten und Röhrenblüten in der Mitte; Außenhülle meist 1–2, auch 3 Blätter, Fruchtknoten mit Haarkrone; Blätter tief fiederteilig, umfassen mit Öhrchen den Stängel, Endlappen eiförmig, stumpf; Stängel kantig gerillt, oft bräunlich überlaufen

ACHTUNG! Die Pflanze ist für Weidetiere und Menschen giftig. Die Inhaltsstoffe bleiben auch nach dem Trocknen im Heu wirksam.

Typisch

Die Frucht trägt eine einfache Haarkrone, kein Schirmchen wie beim Löwenzahn. Sie wird dennoch auch vom Wind vertragen.

Rainfarn (G)

Tanacetum vulgare

Den Namen Rain»farn« gab man der Pflanze wegen der Ähnlichkeit ihrer Blätter mit Farnwedel. In der Volksheilkunde war sie das gebräuchlichste Mittel gegen Parasiten. Die Samen in Wein und Honig angesetzt, vertrieben Darmwürmer – daher auch der Name Wurmkraut –, gegen Flöhe und Läuse halfen Waschungen. Rainfarn riecht stark. Deshalb wurde er verwendet, um böse Geister abzuwenden und vor Blitz und Donner zu schützen. Da sich seine Blätter nach der Sonne ausrichten, galt er zusätzlich als wegweisende Kompasspflanze.

VORKOMMEN fast ganz Europa, häufig; Wegränder, Waldränder, Gebüsche, Hecken, Kahlschläge, Schutt- und Brachflächen, Bahndämme, bis in 1200 m Höhe; auf nährstoffreichen Lehmböden

GRÖSSE 60–150 cm hoch; aufrechter Wuchs

MERKMALE Blütenstand eine Doldenrispe; Blütenkörbchen halbkugelig, leuchtend gelb, bis 1 cm im Durchmesser, nur mit Röhrenblüten, Hüllblätter hellgrün, Fruchtknoten ohne Haarkrone; Blätter wechselständig, doppelt fiederspaltig, lanzettliche Teilblättchen am Rand gesägt; Stängel holzig, nur im Bereich des Blütenstands verzweigt, kantig, kahl

ACHTUNG! Die ganze Pflanze ist giftig, sie enthält ätherisches Öl mit dem giftigen Thujon.

Ein Aufguss aus den Blättern vertreibt Schädlinge an Garten- und Zimmerpflanzen. Ein getrockneter Strauß im Zimmer soll Mücken und Motten fernhalten.

BLÜTEZEIT

J	F	M	A	M	J	J	A	S	O	N	D

Typisch

Die stattliche Pflanze verströmt einen aromatischen, kampferähnlichen Geruch.

Der Stängel ist im Bereich des Blütenstands mehr oder weniger kahl.

Typisch

Zur Fruchtreife entwickeln sich silbrig-weiße Haarbüschel, die wie Fallschirme wirken. Sie unterstützen die Verbreitung der Samen durch den Wind.

BLÜTEZEIT

J	F	M	A	M	J	J	A	S	O	N	D

Raue Gänsedistel (G)

Sonchus asper

Gänsedisteln sind nicht nur ein begehrtes Futter für Gänse, sondern auch für Hasen, Kühe oder Schweine. Deshalb heißen sie auch Saudistel oder Hasendistel. Der lateinische Artname asper *bedeutet »rau« und bezieht sich wie der weitere deutsche Name Dornige Gänsedistel auf die stacheligen Blätter. Die Pflanze galt wie die anderen Gänsedistel-Arten bei uns (siehe auch Seite 228/229) früher als Heilkraut, unter anderem gegen Warzen oder Hautausschläge.*

VORKOMMEN fast ganz Europa, häufig; Äcker, Schuttflächen, Wegränder, Gärten, bis in 1000 m Höhe; auf nährstoffreichen Lehmböden

GRÖSSE 40–100 cm hoch; aufrechter Wuchs

MERKMALE Blütenstand eine lockere Rispe; Blütenköpfe endständig, intensiv gelb, bis 2,5 cm im Durchmesser, nur mit Zungenblüten, Hülle fast kahl, am Grund bauchig, Fruchtknoten mit Haarkrone; Blätter dunkelgrün, derb, liegen am Blattgrund dem Stängel mit abgerundeten Öhrchen an; Stängel hohl, enthält Milchsaft, ästig, manchmal rötlich überlaufen; Frucht mit 3 Längsrippen, mit Haarkranz

ACHTUNG! Die ganze Pflanze ist schwach giftig.

Die Blätter sind oberseits glänzend und an den Rändern stachelig gezackt.

Die Acker-Gänsedistel ist in einer Vielzahl von Lebensräumen anzutreffen.

Acker-Gänsedistel (G)

Sonchus arvensis

Die Acker-Gänsedistel hat einen kriechenden Wurzelstock, dadurch kann sie große Bestände bilden. Sie gilt als Unkraut, weil bereits kleine Wurzelstücke wieder zu neuen Pflanzen austreiben. Die gelben Blüten öffnen sich morgens nur bei Sonne, sie schließen sich bereits wieder am frühen Nachmittag. An der Küste bildet die Art eine eigene Unterart, die sich von der Binnenlandform durch das Fehlen der klebrigen Drüsenhärchen an den Hüllblättern unterscheidet.

VORKOMMEN fast ganz Europa, im Tiefland häufig; Äcker, Wegränder, Schutt- und Brachflächen, Ufer, Gräben, Dünen, auch Gärten und Weinberge, gelegentlich bis in 1500 m Höhe; auf lehmigen, nährstoffreichen und stickstoffhaltigen Böden

GRÖSSE 50–150 cm hoch; aufrechter Wuchs

MERKMALE Blütenstand eine lockere endständige Doldenrispe; Blütenkörbchen goldgelb, bis 5 cm im Durchmesser, nur mit Zungenblüten; Blätter glänzend grün, wechselständig, die unteren lanzettlich, grob buchtig sägeartig gefiedert, die oberen weniger stark gefiedert, alle stachelig gezähnt, Stängelblätter am Grund mit abgerundeten, anliegenden Öhrchen; Stängel im Bereich des Blütenstands verzweigt; Früchte mit Haarkrone, werden vom Wind verbreitet, bilden einen kugeligen, weißhaarigen Fruchtstand

ACHTUNG! Die ganze Pflanze ist schwach giftig.

BLÜTEZEIT

J	F	M	A	M	J	J	A	S	O	N	D

Typisch

Die ganze Pflanze führt Milchsaft. Sie ist unten kahl, im Bereich des Blütenstands aber mit gelblichen borstigen, klebrigen Drüsenhärchen besetzt, die an den Hüllblättern gut sichtbar sind.

Die Blüten erinnern an die des Löwenzahnes, doch im Wuchs unterscheiden sich beide Arten.

Echte Goldrute

Solidago virgaurea

Die Echte Goldrute ist die wichtigste einheimische Heilpflanze bei Nieren- und Blasenleiden. Diese Anwendung ist seit dem Mittelalter bekannt. Der Tee aus dem Kraut und den Blüten hilft unter anderem bei Nieren- und Blasensteinen oder Gicht. Auch in der Homöopathie wird die Pflanze dafür eingesetzt. Auf die Germanen geht die Behandlung schlecht heilender Wunden mit Umschlägen zurück. Auch im Aberglauben spielte die Goldrute eine Rolle. Mit ihrer Hilfe sollte man

Die Goldrute heißt im Volksmund auch Fuchsschwanz, weil der Blütenstand mit den gelben Köpfchen von Weitem wie ein buschiger Schwanz, eine Rute, aussieht.

verborgene Schätze finden. Achtung, bei häufigerer Berührung kann es zu einer Kontaktallergie kommen.

VORKOMMEN fast ganz Europa, häufig; Magerrasen, Kahlschläge und Lichtungen von Laub-, Misch- und Nadelwäldern, Gebüsche, Heiden, bis über 2200 m Höhe; auf lockeren, kalkhaltigen Böden

GRÖSSE 20 bis 100 cm hoch; aufrechter Wuchs

MERKMALE Blütenstand eine Rispe mit zahlreichen goldgelben Blütenköpfchen; diese mit randständigen Zungen- und Röhrenblüten, bis 15 mm im Durchmesser, Zungenblüten länger als die hautrandigen Hüllblätter; Blätter wechselständig, Grundblätter elliptisch, lang gestielt, glänzend, gesägt, Stängelblätter schmaler, gesägt oder ganzrandig, in den geflügelten Blattstiel verschmälert; Stängel wenig verzweigt, kahl oder flaumig behaart; Frucht mit Haarkranz, Samen werden vom Wind verbreitet

BLÜTEZEIT

J	F	M	A	M	J	J	A	S	O	N	D

Typisch

Die Zungenblüten bilden keinen lückenlosen Kranz, es fehlt etwa jede zweite Zungenblüte.

Die unzähligen Blüten bieten vielen Insekten einen reich gedeckten Tisch.

Kanadische Goldrute

Solidago canadensis

Die Kanadische Goldrute wurde ursprünglich als Gartenpflanze bei uns eingeführt. Ihre Heimat ist Nordamerika, das erkennt man sowohl im deutschen Namen als auch im wissenschaftlichen Artnamen. Aus den Gärten hat sie sich seit Mitte des 19. Jahrhunderts entlang der Flüsse in große Teile Europas ausgebreitet. Dieser Vorgang ist noch nicht abgeschlossen. Wie die Echte Goldrute (siehe Seite 230/231) hat sie eine harntreibende Wirkung.

VORKOMMEN fast in ganz Europa eingebürgert, häufig; Wald- und Wegränder, Auwälder, Hochstaudenfluren, Schutt- und Brachflächen, Kahlschläge, Ufer, nicht über 1000 m Höhe; auf stickstoffreichen, feuchteren Böden

GRÖSSE 50–250 cm hoch; aufrechter Wuchs

MERKMALE Blütenkörbchen zu Hunderten dicht einseitswendig nach oben gerichtet in Rispen; Blütenkörbchen klein, ca. 5 mm lang, gelb, mit Zungen- und Röhrenblüten, die etwa gleich lang sind, Hülle so lang wie die Blütenblätter; Stängelblätter zahlreich, wechselständig, lanzettlich, bis 15 cm lang, zur Spitze hin gesägt, unterseits behaart; Stängel dicht behaart, oft rötlich überlaufen, im Bereich des Blütenstands verzweigt; Frucht mit weißem Haarkranz, Verbreitung durch den Wind

BLÜTEZEIT

J	F	M	A	M	J	J	A	S	O	N	D

Die bis 5 mm großen Blütenkörbchen stehen alle mehr oder weniger nach oben.

Typisch

Die Kanadische Goldrute ist entlang von Wald- oder Wegrändern oft dominierend. Mithilfe der sich unterirdisch ausbreitenden Ausläufer und der zahlreichen Samen bildet sie dichte Bestände.

Strahlenlose Kamille

Matricaria discoidea

Die Strahlenlose Kamille stammt aus Ostasien, sie ist erst vor gut 150 Jahren bei uns eingeschleppt worden. Mittlerweile hat sie nicht nur den Großteil Europas, sondern auch alle anderen Kontinente erobert. Als sogenannte Trittpflanze wächst sie auch auf verdichtetem Boden. Ihre Samen werden bei Nässe schleimig-klebrig und dann über Füße und Pfoten verbreitet. Ihren deutschen Namen trägt die Pflanze wegen der fehlenden Zungenblüten. Vereinzelt findet man allerdings in den Körbchen noch verkümmerte weiße Zungenblüten.

Die Strahlenlose Kamille enthält nicht den für die Echte Kamille (Matricaria recutita) *typischen Inhaltsstoff Azulen. Allerdings riecht sie ähnlich und hat auch ähnliche Einsatzgebiete in der Volksmedizin.*

Typisch

Wenn man Teile der Strahlenlosen Kamille zerreibt, verströmen sie einen aromatischen Geruch.

VORKOMMEN fast ganz Europa, häufig; Wegränder, Bahndämme, Schuttplätze, Trittrasen, Mauern, Unkrautfluren, Getreideäcker, kaum über 1000 m Höhe; auf stickstoffhaltigen Böden

GRÖSSE 10–40 cm hoch; aufrechter Wuchs

MERKMALE Blütenköpfchen bis 10 mm im Durchmesser, nur Röhrenblüten, diese grünlich gelb, an der Spitze mit 4 Zähnchen, Hüllblätter länglich, kahl, mit breitem, trockenhäutigem Rand; Blätter 2- bis 3-fach gefiedert, Fiederblättchen sehr fein linealisch, spitz; Stängel reich verzweigt, reich beblättert; ganze Pflanze kahl

BLÜTEZEIT

J	F	M	A	M	J	J	A	S	O	N	D

Frauenschuh (A)

Cypripedium calceolus

Diese Orchidee erhielt ihren Namen von der aufgeblasenen Lippe, die an einen Schuh erinnert. Sie stellt eine Kesselfalle dar. Die bestäubenden Insekten gelangen durch die Öffnung in das Innere des »Schuhs« und können an den glatten Wänden nicht mehr hochkriechen. Sie krabbeln im Inneren in Richtung einer glasartigen Stelle, die eine Öffnung vortäuscht. Auf dem einzigen Weg in die Freiheit laden sie den mitgebrachten Pollen an der Narbe ab und bekommen neuen Pollen aufgeladen.

VORKOMMEN Mittel- und Nordeuropa, weit verbreitet, aber nicht häufig; lichte, unterwuchsreiche Laub-, Misch- und Nadelwälder, Latschen-/Legföhrenbestände, Gebüsche, bis etwa 1500 m Höhe; auf kalkreichen Böden, wärmeliebend

GRÖSSE 20–60 cm hoch; aufrechter Wuchs

MERKMALE meist 1–2 Blüten an einem Stängel, Blüte besteht aus der bis 4 cm großen, bauchig geformten, leuchtend gelben, vorn gerundeten Lippe und 4 braunroten, lanzettlichen Blütenblättern, Letztere etwas gedreht, Lippe innen mit rötlichen Flecken und Stricheln, 2 Staubbeutel; Blätter breit elliptisch, bis 12 cm lang, zugespitzt, stängelumfassend, längs gefältelt; Stängel rund, kurz behaart, leicht gebogen; horizontaler Wurzelstock; staubfeine Samen werden vom Wind oft über mehrere Kilometer verbreitet

Der glänzende »Schuh« lockt Insekten an. Doch Lohn für die Bestäubungsarbeit in Form von Nektar bietet die Blüte nicht.

Typisch

Der Frauenschuh hat von allen europäischen Orchideenarten die größten Einzelblüten. Sie können insgesamt einen Durchmesser von bis zu 8 cm aufweisen. Auch im Vergleich mit anderen einheimischen Pflanzen hat er sehr große Blüten.

BLÜTEZEIT

J	F	M	A	M	J	J	A	S	O	N	D

Grüne oder unscheinbare Blütenfarbe

Stinkende Nieswurz (A, G)

Helleborus foetidus

Der unangenehme Geruch der Blüten kommt nicht nur im deutschen Namen, sondern auch im wissenschaftlichen Artnamen zum Ausdruck; foetidus *bedeutet »übel riechend, stinkend«. Nieswurz wird die Pflanze bezeichnet, weil man früher aus dem Wurzelstock Niespulver herstellte. Wegen ihrer Giftigkeit ist dies heute aber verboten. Der lokale Name Läusekraut hängt mit ihrer früheren Verwendung gegen Ungeziefer zusammen.*

Die Stinkende Nieswurz gedeiht in halbschattigen Bereichen.

Die etwa 2 cm großen, wie Glöckchen nickenden Blüten sind am Rand rötlich überlaufen.

VORKOMMEN West-, Süd- und Mitteleuropa, zerstreut; lichte Eichen- und Buchenwälder, Waldränder, trockene, kalkreiche Hänge, Gebüsche; auf kalkhaltigen Böden

GRÖSSE 30–60 cm hoch; aufrechter Wuchs

MERKMALE Blütenstand reich verzweigt, rispenförmig; Blüten glockenförmig, grünlich, die Blütenblätter entsprechen eigentlich den Kelchblättern, die Kronblätter sind zu röhrenförmigen Honigblättern umgebildet; Blätter langgestielt, handförmig geteilt, am Grund als Rosette, 9 Fiederblätter, bis 30 cm im Durchmesser, am Stängel weniger Fiederblätter, gezähnt; Stängel verzweigt; 8 Früchtchen mit hakigem Schnabel, zu Samenkapsel verwachsen

ACHTUNG! Die ganze Pflanze ist giftig.

BLÜTEZEIT

J	F	M	A	M	J	J	A	S	O	N	D

Typisch

Wie bei der verwandten Christrose, die auch in Gärten angepflanzt wird, sind die Blätter der Stinkenden Nieswurz wintergrün.

Das Wald-Bingelkraut wächst oft in ausgedehnten Beständen. Es verträgt auch sehr schattige Standorte.

BLÜTEZEIT

J	F	M	A	M	J	J	A	S	O	N	D

Typisch

Kennzeichen der Wolfsmilchgewächse ist ein giftiger Milchsaft, mit dem früher Wölfe vergiftet wurden. Obwohl das Bingelkraut zu den Wolfsmilchgewächsen gehört, führt sein Stängel keinen Milchsaft.

Wald-Bingelkraut (G)

Mercurialis perennis

Der wissenschaftliche Name des Wald-Bingelkrautes Mercurialis *geht tatsächlich auf den römischen Gott Merkur zurück, der angeblich als Erster die heilkräftige Wirkung des Krautes entdeckt haben soll. Für die abführende Wirkung der Pflanze sind vor allem die giftigen Saponine im Kraut verantwortlich. Allerdings wird das Bingelkraut heute nicht mehr als Heilpflanze genutzt. Während der Mensch sich durch den Verzehr eher selten vergiften kann, kommt es bei Pferden, Kühen oder Schweinen durchaus zur Schädigung von Nieren oder Leber.*

VORKOMMEN fast ganz Europa, nach Norden hin seltener; schattige, krautreiche Laub- und Laubmischwälder, bis fast zur Waldgrenze; auf nährstoffreichen Böden

GRÖSSE 15–35 cm hoch, aufrechter Wuchs

MERKMALE Blütenstand in den Blattachseln; Einzelblüten klein, grün, die Pflanze ist zweihäusig, das heißt, männliche und weibliche Blüten befinden sich auf getrennten Pflanzen; männliche Einzelblüte aus Kelch und 9–12 Staubblättern bestehend, Blütenstand reichblütig, ährenförmig, länger als das tragende Blatt; weibliche Einzelblüte aus dem Fruchtknoten mit 2 Griffeln bestehend, geknäulter Blütenstand mit nur wenigen Einzelblüten, kürzer als das tragende Blatt; Blätter bis 10 cm lang, gestielt, eiförmig-lanzettlich, am Rand stumpf gezähnt, nur im oberen Bereich des runden Stängels; Windbestäubung, Frucht eine kugelige, rauhaarige Kapsel

ACHTUNG! Die ganze Pflanze ist giftig.

Gewöhnlicher Frauenmantel

Alchemilla vulgaris

Bei den Germanen war der Frauenmantel der Göttin der Liebe, Freya, gewidmet und galt als heilkräftig bei Frauenleiden. Nach der Christianisierung wurde die Pflanze der Jungfrau Maria zugesprochen und wegen der runden, wie in Falten gelegten Form der Blätter auch Marienmantel genannt. Mithilfe der Wassertropfen auf den »himmlischen« Blättern versuchten die Alchemisten des Mittelalters, aus Quecksilber Gold herzustellen.

VORKOMMEN fast ganz Europa, häufig; Fettwiesen, Weiden, Nasswiesen, Hochstaudenfluren, grasbewachsene Wegränder, Waldränder, Gebüsche, bis in ca. 2000 m Höhe; auf nährstoffreichen, leicht feuchten Lehmböden

GRÖSSE 15–50 cm hoch, aufsteigender oder aufrechter Wuchs

MERKMALE Blütenstand eine reich verzweigte Rispe; Blüten grünlich gelb, winzig, bestehen aus je vier inneren und äußeren Kelchblättern, Kronblätter fehlen; Blätter in einer grundständigen Rosette, rundlich, handförmig gelappt, entlang der Blattrippen fächerförmig gefaltet, fein gezähnt, die oft wie Perlen aussehenden Wassertröpfchen entlang der Blattränder werden als sogenannte Guttationstropfen von der Pflanze ausgeschwitzt; Stängel behaart

Der formenreiche Frauenmantel ist auf feuchteren Wiesen und Weiden häufig zu finden.

Typisch

Nach feuchten Nächten zieren kleine Wasserperlen den gezähnten Rand der Blätter. Das Wasser tritt aus Spalten an den Zähnchen aus und sammelt sich manchmal in der Blattmitte.

BLÜTEZEIT

J	F	M	A	M	J	J	A	S	O	N	D

Nestwurz *(A)*

Neottia nidus-avis

Der deutsche Name der Nestwurz oder auch Vogelnestwurz bezieht sich auf das Aussehen der kurzen Wurzeln, die wie ein Vogelnest verflochten sind. Da diese Orchideenart kein Blattgrün (Chlorophyll) besitzt und deshalb keine Fotosynthese betreiben kann, muss sie sich die Nährstoffe auf andere Weise holen. Ihr hilft dabei das Geflecht eines Wurzelpilzes (Mycel) von Buchen. Damit entnimmt sie dem Boden die nötigen Nährstoffe.

VORKOMMEN fast ganz Europa, nördlich bis Mittelskandinavien, häufig; schattige Laub- und Mischwälder mit Rotbuchen, bis in 2400 m Höhe (Laubwaldgrenze); auf humosen, meist kalkhaltigen Böden

GRÖSSE 15–50 cm hoch, aufrechter Wuchs

MERKMALE Blütenstand eine vielblütige, bis 15 cm lange Ähre; Einzelblüten bräunlich-gelblich, bis 1,5 cm lang, Kronblätter (Petalen) und Kelchblätter (Sepalen) bilden einen halbkugeligen Helm, Lippe bis 12 mm lang, tief zweizipfelig, ohne Sporn; Blätter fehlen, sind zu Schuppenblättern reduziert; Stängel unverzweigt, relativ dick, gerillt, gelblich-bräunlich

BLÜTEZEIT

J	F	M	A	M	J	J	A	S	O	N	D

Typisch

Die bräunlich-gelbliche Färbung der Nestwurz geht auf das fehlende Blattgrün zurück.

Die eigentümlichen bräunlich-gelblichen Blüten duften nach Honig.

Fliegen-Ragwurz (A)

Ophrys insectifera

Alle Ragwurz-Arten ahmen mit ihrer Blütenform die Weibchen verschiedener Insektengruppen nach. Zusätzlich verströmen die Blüten weibliche Sexuallockstoffe, um die Männchen dieser Insekten anzulocken. Bei dem Versuch, sich mit dem vermeintlichen Weibchen zu paaren, bekommen die Männchen ein Pollenpaket aufgeladen, das sie auf die nächste Blüte übertragen. Da die Insekten keinen Nutzen von den Pflanzen haben, nennt man die Ragwurz-Arten Sexualtäuschblumen.

VORKOMMEN fast ganz Europa, selten; Trockenrasen, Kalkmagerrasen, lichte Laub- und Nadelwälder bis in 1600 m Höhe; vor allem auf lehmigen und tonigen Böden

GRÖSSE 15–40 cm hoch, aufrechter Wuchs

MERKMALE Blütenstand eine lockere Ähre aus bis zu 10 Einzelblüten, die 3 äußeren Blütenblätter (Sepalen) unscheinbar grünlich, die beiden inneren Blütenblätter (Petalen) oben fadenförmig, rotbraun, Lippe rotbraun, bis 11 mm lang, kurz behaart, dreilappig, der mittlere Lappen ist viel länger als die beiden äußeren und an der Spitze geteilt, ohne Sporn; 3–5 Blätter im unteren Bereich des Stängels, länglich-lanzettlich, blaugrün; Stängel unverzweigt, dünn

Die beiden oberen inneren Blütenblätter sind fadenförmig gestaltet und ähneln dadurch Insektenfühlern.

Trotz ihres Namens lockt die Fliegen-Ragwurz Hautflügler wie zum Beispiel Wespen an.

Typisch

Die auffällig gestaltete, dreilappige Blütenlippe ziert ein bläulicher Querbalken. Der Mittellappen ist eingebuchtet und erinnert dadurch noch stärker an ein Insekt.

BLÜTEZEIT

J	F	M	A	M	J	J	A	S	O	N	D

Bildnachweis

Cover: Nature Picture Library
U4: Photolibrary, Guido Sachse
Alle Illustrationen Klappen von: Patricia Kestel/ Kestel Concept & Design

Biopix: 114, 228; **Biosphoto:** 6, 44, 68, 119, 126, 220; **Botanikfoto:** 180; dpa: 204; **Flashmedia:** 118-119, 120-121; dpa: 205; FLPA: 19, 20, 21, 23, 24, 25, 26-27, 28, 29, 38-39, 50-51, 73, 134-135, 160; **Hippocampus Bildarchiv/ Frank Teigler:** 7, 45, 49, 56, 58, 61, 64, 70, 75, 82, 89, 97, 98, 104, 105, 109, 113, 115, 123, 124, 127, 141, 146, 149-1, 150, 156, 159, 161, 163, 167, 169, 181, 184, 188, 189, 198, 211, 221, 229, 232, 241, 242, 246; GAP: 37, 43, 46, 66, 67-2, 76, 80, 86, 102-2, 110, 128, 138, 148, 152, 153, 187, 204, 214, 238-239, 240, 248; **Garden World Images:** 18, 34; **Juniors/ RF Company:** 130; **Mauritius Images:** 22, 32; **Nature Picture Library:** 133; **Okapia:** 65, 217; **Photolibrary:** 2, 4-5, 9, 11, 13, 16, 30, 31, 35, 36, 42, 47, 48, 53, 55, 57, 59, 69, 75, 78, 79, 81, 83, 84, 85, 87, 90-91, 92, 94-95, 95, 96, 99, 101, 103, 107-1, 108, 116, 122, 129, 131-1, 131-2, 132, 136, 137, 139, 140, 142, 143, 147, 155, 158, 162, 170, 171, 176, 178, 179, 183, 186, 191, 192, 193, 196, 197, 200, 202, 203, 209, 212, 215, 218-219, 219, 222, 225, 230, 233, 236, 237; **Photolibrary/OSF:** 144; **Photoshot:** 174; **Premium:** 10, 33, 40-41, 172-173; **Prisma:** 100-101; Guido **Sachse:** 51, 52, 60, 62, 67-1, 72, 93, 102-1, 106, 112, 125, 151, 154, 157, 164, 166, 168-169, 177, 182, 185, 190, 194, 206, 208, 210, 213, 226, 227, 234-235, 245, 247, 249; **Ullstein Bild: 216; Visions/ Florapress: 175; Waldhäusl:** 8

Historische Pflanzenabbildungen in diesem Buch: Mit freundlicher Genehmigung von Dr. G. Keuck

Service

Adressen

Deutschland

Bundesamt für Naturschutz, Konstantinstr. 110, 53179 Bonn, www.bfn.de

Naturschutzbund Deutschland e. V. (NABU), Postfach D-10108 Berlin, www.nabu.de

Österreich

Naturschutzbund Österreich, Museumsplatz 2, A-5020 Salzburg, Tel.: +43 662642909, www.naturschutzbund.at

Schweiz

Pro Natura, Dornacherstrasse 192, Postfach CH-4018 Basel, Tel. +41 61 317 91 91, www.pronatura.ch

Giftnotrufzentralen

hier finden Sie Telefonnummern der nächsten Zentrale

Deutschland

www.gesundheit-de/rat-hilfe/giftnotruf

Österreich

Vergiftungsinformationszentrale, Währinger Gürtel 18–20, A-1090 Wien, Tel.: +43 1 4064343 (Notruf), www.meduniwien.ac.at

Schweiz

Schweizerisches Toxikologische Informationszentraum, Freiestr. 16, CH-8028 Zürich, Tel.: 145 (Notruf), www.toxi.ch

Internet

www.naturgucker.de
www.floraweb.de (Online-Informationsangebot des BfN)
www.wildblumen.net

Bücher

***Roth, L./Daunderer, M./Kormann, K.:** Giftpflanzen – Pflanzengifte; Nikol-Verlag, Hamburg*

***Losch, Dr. F.:** Kräuterbuch. Unsere Heilpflanzen in Wort und Bild; Verlag von J. F. Schreiber, Eßlingen & München*

Zeitschriften

***natur + kosmos**, Konradin Medien, Leinfelden-Echterdingen*

Naturlust pur.

ISBN 978-3-8338-2609-2

ISBN 978-3-8338-2611-5

ISBN 978-3-8338-2612-2

ISBN 978-3-8338-2613-9

www.gu.de: Blättern Sie in unseren Büchern, entdecken Sie wertvolle Hintergrundinformationen sowie unsere Neuerscheinungen.

GU

Willkommen im Leben.

Impressum

Wichtiger Hinweis
Die Daten und Fakten dieses Ratgebers wurden mit äußerster Sorgfalt recherchiert und geprüft. Dennoch kann keine Garantie übernommen werden. Eine Haftung von Verlag und Autor für Personen-, Sach- und Vermögensschäden ist ausgeschlossen. Beim Bestimmen in der Natur müssen stets alle Merkmale beachtet werden.

Die Autorin **Angelika Lang** studierte Biologie und Chemie für das Lehramt in München. Für ihre Zulassungsarbeit untersuchte sie ein halbes Jahr das Verhalten der Silbermöwe auf einer Nordsee-Insel. Schon immer galt ihr Interesse der einheimischen Tier- und Pflanzenwelt, die sie unter anderem bei Führungen bekannter Biologen kennenlernte. Dieses Wissen bringt sie auch anderen nahe. Seit vielen Jahren arbeitet sie als Lektorin, Autorin und Übersetzerin in München.

© 2012 GRÄFE UND UNZER VERLAG GmbH, München

Alle Rechte vorbehalten. Nachdruck, auch auszugsweise, sowie Verbreitung durch Bild, Funk, Fernsehen und Internet, durch fotomechanische Wiedergabe, Tonträger und Datenverarbeitungssysteme jeder Art nur mit schriftlicher Genehmigung des Verlages.

Umschlaggestaltung und Layout:
Independent Medien-Design, Horst Moser, München

Herausgeber: Georg Kessler

Projektleitung: Regina Denk

Redaktionelle Mitarbeit: Anne-Kathrin Wahler

Bildredaktion: Daniela Laußer, Petra Ender (Cover)

Herstellung: Petra Roth

Satz: Uhl + Massopust, Aalen

Repro: Longo AG, Bozen

Druck und Bindung: Stürtz GmbH, Würzburg

Printed in Germany
ISBN 978-3-8338-2610-8

1. Auflage 2012